Wolfgang Lippert
Peter Ibe

Die *wilde* Elbe

Wolfgang Lippert
Peter Ibe

Die *wilde* Elbe

Lebensader und Naturlandschaft

BILD UND HEIMAT

Ein Kormoran. Um nach Fischen zu jagen, taucht er im Sturzflug ins Wasser. Wieder an Land breitet er seine Flügel zum Trocknen aus.

Inhaltsverzeichnis

Naturschutzgebiet Steckby-Lödderitzer Forst

Kraniche sammeln sich am Schlafplatz auf den Elbwiesen.

Ansammlung von Saat- und Blässgänsen bei Jerichow

1 Lebensader Elbaue

Niemand kann zweimal in denselben Fluss steigen. Pausenlos verändert ein Strom sein Gesicht. *Panta rhei* – alles fließt –, heißt es bei Heraklit. Weit über ein halbes Jahrhundert lang habe ich das an einem der Hauptströme Europas immer wieder erlebt. Zigtausende Mal bin ich der Elbe ganz nah gekommen, habe stundenlang mit Fernglas und Notizblock an ihren naturnahen Ufern gesessen. Ein jedes Mal war anders.

Die Elbe gab sich mir als sanfte und empfindliche Schönheit wie als tobende Furie. Sie ließ mich teilhaben, wie sie eine bezaubernde Landschaft mit sandigen Stränden und üppigen Auen formt. Sie erwies sich als Zuflucht für Biber und majestätische Adler, als Rastplatz für nordische Gänse. Sie beglückte mich mit kleinen und großen Sensationen der wilden Natur. Sie stellte mir immer neue Rätsel und gab mir die Ruhe und Inspiration, diese zu lösen. So ist die Elbe zu meinem Lebensnerv geworden.

Schon als Schulkind hat mich der Strom in seinen Bann gezogen, auf dem beide Großväter als Elbeschiffer fuhren. Wenn sie erzählten, war das für mich wie eine Abenteuerreise. Mein Vater hätte mich ebenso mit Elbegeschichten faszinieren können. Doch ich lernte ihn nicht mehr kennen. Er kehrte als Soldat aus Stalingrad nicht zurück. Lediglich ein paar Vogelbestimmungsbücher mit seinem Namenszug und ein 6-×-30-Fernglas stellten die Verbindung zu ihm her. Mein Vater ist mir als Vogelkenner beschrieben worden. Ich spürte seine Nähe, wenn ich bis zu meinem achtzehnten Lebensjahr jeden Sonntag und auch später in der Frühe mit dem Rad an die Elbe fuhr.

Ein typischer Wintergast an der Elbe: die Weißwangengans

Kurzschnabelgans

Stück für Stück wanderte ich die Ufer ab und machte dabei grandiose Entdeckungen. Allerdings musste ich da draußen auf die Vogelbestimmungsbücher meines Vaters verzichten. Sie waren meiner Mutter heilig. Also studierte ich die Vögel genau, notierte oder skizzierte ihre Merkmale, um zu Hause nachzuschlagen. So kam es, dass ich schon mit vierzehn Jahren die Eigenheiten sämtlicher Vögel der Elbaue kannte. Auch ihr Zwitschern, Pfeifen, Rufen, Schnattern, Trompeten und ihre Gesänge genügen mir bis heute, um sie zu unterscheiden. Ich bin meiner Mutter dankbar, dass sie mich von diesen Ausflügen nicht abgehalten hat. So wurde die Elbe während der Schulzeit in Grieben und Tangermünde meine Gefährtin. Ihre launische Natur stachelte meine Neugier nur noch weiter an. Ich begann ein Studium der Biologie, um das Wunder der Flusslandschaft noch besser zu verstehen.

Wenn im Herbst und Frühjahr teils riesige Vogelschwärme aus Nordosteuropa durchs Elbtal ziehen, muss ich hinaus. Die Tiere rasten am Fluss, in der Aue, um für ihren Weiterflug Energie nachzutanken. Selbst Brutvögel aus dem fernen Sibirien erscheinen als seltene Durchzügler. Sie ziehen vogelfrei über Grenzen hinweg, ohne sich – wie wir Menschen – einer Bürokratie stellen zu müssen. Wie oft haben wir ihnen zu DDR-Zeiten sehnsuchtsvoll nachgeschaut und vom »Glück der Wandervögel« gesprochen. In der Stille der Natur hörte kein Ungebetener zu.

Die Elbe gehört zu den letzten noch naturnahen Strömen in Europa. Zu DDR-Zeiten wurde sie durch Mangelwirtschaft und fehlendes Geld vor einem massiven Ausbau zur »Wasserstraße« bewahrt. Rhein oder Donau hatten dieses Glück nicht. Sie bekamen an vie-

len Stellen ein Korsett aus Stein mit Staustufen und begradigten Kurven. Heute ist die Elbe für die Frachtschifffahrt kaum noch interessant. Ich habe die Hoffnung, dass sie als anerkanntes UNESCO-Biosphärenreservat auch künftige Generationen noch mit ihrer Wildheit und Schönheit faszinieren wird.

Zum Ende der DDR stand es um den Fluss meiner Heimat allerdings sehr ernst. Ich zog es damals vor, lieber am Westufer zu wandern, um vor dem Wind der stinkenden Wolke aus dem Weg zu gehen. Denn die tschechische und mitteldeutsche Industrie missbrauchten die 1094 Kilometer lange »Lebensader« als bequemen Vorfluter. Abwässer machten die Elbe zu einer übel riechenden Brühe aus Phenol und Fettsäuren usw. Schwarzer Industrieschlamm klebte im Kiesbett zwischen den Buhnen. Das Paradies meiner Kindheit, wo ich stolz das Schwimmen erlernt hatte, war zu einem abstoßenden Ort geworden. Und dabei hatten die Römer der Elbe einst vol-

Überflutungsgrünland ist der sibirischen Tundra recht ähnlich und wird von osteuropäischen Saat- und Blässgänsen auf ihrem Zug und zu Übernachtungszwecken angeflogen.

kizzen erhalten geblieben. »Auflaufendes Hochwasser« hat mir jedoch, wie ich glaube, die passende Erklärung geliefert, und so möchte ich ein wenig philosophisch antworten: Auch Wasser scheint ein Gedächtnis zu haben und scheint zu wissen, wo es einmal geflossen ist. Zumindest zeichnete sich auf der Bucher Brack bei Jerichow durch auflaufendes Wasser eine feuchte Fläche in der Wiese ab, die die Form eines ehemaligen Mäanders zeigte. Da durch kann ich mir jetzt vorstellen, wo der Mäander war und wo einst vor dreihundert Jahren ein Durchstich vorgenommen wurde.

Hochwasser an der Elbe

len Stellen ein Korsett aus Stein mit Staustufen und begradigten Kurven. Heute ist die Elbe für die Frachtschifffahrt kaum noch interessant. Ich habe die Hoffnung, dass sie als anerkanntes UNESCO-Biosphärenreservat auch künftige Generationen noch mit ihrer Wildheit und Schönheit faszinieren wird.

Zum Ende der DDR stand es um den Fluss meiner Heimat allerdings sehr ernst. Ich zog es damals vor, lieber am Westufer zu wandern, um vor dem Wind der stinkenden Wolke aus dem Weg zu gehen. Denn die tschechische und mitteldeutsche Industrie missbrauchten die 1094 Kilometer lange »Lebensader« als bequemen Vorfluter. Abwässer machten die Elbe zu einer übel riechenden Brühe aus Phenol und Fettsäuren usw. Schwarzer Industrieschlamm klebte im Kiesbett zwischen den Buhnen. Das Paradies meiner Kindheit, wo ich stolz das Schwimmen erlernt hatte, war zu einem abstoßenden Ort geworden. Und dabei hatten die Römer der Elbe einst vol-

Überflutungsgrünland ist der sibirischen Tundra recht ähnlich und wird von osteuropäischen Saat- und Blässgänsen auf ihrem Zug und zu Übernachtungszwecken angeflogen.

ler Bewunderung den Namen »Weißer Fluss« *(Albis)* gegeben. Sollten diese herrlich hellen, kiesigen Strände jemals zurückkehren?

Vor einem halben Jahrhundert noch fragten die Magdeburger Kinder in einem beliebten Lied ganz unbeschwert: »Ist denn die Elbe immer noch dieselbe?« Es war eigentlich eine heikle Frage, die nicht zu stellen war. Eine offizielle Antwort blieb aus. Jetzt endlich – fünfundzwanzig Jahre nach der Wende – hat der Fluss wieder seinen typischen und angenehmen Geruch, den ich aus meiner Kindheit kenne. Der Kies zwischen den Buhnen leuchtet wieder hell. Es wird wieder gebadet im Strom. Fische wie Wels, Lachs und Schnäpel sind zurückgekehrt. Auch See- und Fischadler sind wieder da. Und ich durfte diese Wende beobachten und für Sie aufschreiben.

»Goldauge« oder Zwerggans

2 Die Elbe – das weiße Wunder

Für uns Kinder, die wir an der Elbe aufgewachsen sind, war dieser Fluss prägend: Überall am Ufer lag feinster weißer Sand, und nach einem Hochwasser entstanden dort, wo der Fluss übers Ufer getreten war, Sandbänke, in denen man herrlich spielen konnte. Und die Korngröße dieses »gewaschenen« weißen Sandes war ganz gleichmäßig. Auf den höherliegenden Wiesen lag ebenfalls großflächig verteilt der weiße Sand, durch den im Frühjahr die Gräser und Kräuter erst wieder durchwachsen mussten.

Es waren meine Großeltern, die mir erklärten, wie der Sand aus dem Flussbett dort oben hinkam. Aber letztlich war es der Fluss selbst, der uns Kindern nach einem Hochwasser »erklärte«, was Flussdünen sind und wie sie entstehen. Das war immer Naturkunde hautnah.

Der Zweite Weltkrieg und die Jahre danach hatten großen Einfluss auf die Elbelandschaft. Die »Freunde«, wie die Soldaten der sowjetischen Besatzungsmacht genannt wurden, nutzten die weite Elbaue als »Spielwiese« für ihre Manöver. So wurden bis Mitte der fünfziger Jahre des vergangenen Jahrhunderts längs der Uferböschung der Elbe immer wieder stückweise Schützengräben ausgehoben. Wenn das Manöver vorüber war, eroberten die Kinder aus der Umgebung das Gelände und machten es zu ihrer Spielwiese, und für mich Naturinteressierten ergab sich eine bequeme Möglichkeit, sich an Wildenten und Säger auf dem Wasser in den Zwischenbuhnenfeldern anzuschleichen und sie zu beobachten.

Bis vor dem Krieg befand sich längs am Ufer noch der alte »Treidelsteg«, auf dem vor dem Buhnenbau bis etwa 1870 Pferde und Menschen kleine Lastkähne elbaufwärts zogen. Dieser früher gut begehbare und später mit einem Fahrrad gut befahrbare Steg wurde durch die Schützengräben jedoch völlig zerstört.

Nichts währt eben ewig in dieser Flusslandschaft. Wasser und der im Wasser mitgeführte weiße Sand wirken wie ein natürlicher »Radiergummi«. Jährliches Hochwasser verfüllte diese Schutzengräben in wenigen Jahren, so dass man von diesen »Narben« heute nichts mehr sieht. So erging es auch den vielen Bombentrichtern, die beispielsweise bei einem Bombardement vom ostelbischen Ferchland und Derben teilweise auf den Elbwiesen entstanden sind. Durch die jährlichen Hochwasser sandeten sie allmählich zu, und heute, nach über sechzig Jahren, wüsste ich nicht einmal mehr die Stellen, wo sich einst ein solcher Bombentrichter befand.

Altholz in Ufernähe

Alles ist im Fluss, ständig gibt es unmerkliche Veränderungen. So sandeten die einst so tiefen Einfahrten für die nach dem Krieg angelegten riesigen Baggerlöcher permanent zu und mussten für die Lastkähne immer wieder aufs Neue vertieft und ausgebaggert werden. Heute, nach der Aufgabe der Kiesgewinnung, sind diese Einfahrten kaum noch als solche zu erkennen. Außerdem gibt es in der weiten Elbaue neben alten, natürlichen Flutrinnen, die sich der Fluss bei Hochwasser und Vereisung selbst gegraben hat, auch noch von Menschen gemachte Bodenentnahmestellen. Im Überflutungsbereich lassen sich nach Jahren natürliche und künstliche Gewässer kaum noch voneinander unterscheiden.

Weil ich eine Zeit von über sechzig Jahren an der Elbe überschaue, weiß ich von vielen Gewässern, wie sie entstanden sind und wie sie sich in der Folge verändert haben. So ist es mir bis heute möglich, natürliche von künstlichen Gewässern zu unterscheiden.

Um die Elbe für die Schifffahrt besser nutzen zu können, haben Menschen allerdings schon sehr viel früher in das natürliche Gefüge des sandigen Flusses eingegriffen. Die Elbe ist bis vor dreihundert, vierhundert Jahren noch mehrarmig geflossen. Sie war sehr flach. Unter Wasser waren überall Sandbänke. Sogar vom Hochwasser entwurzelte Bäume lagen als Hindernis im Weg. Also begann man die Elbe zu begradigen, die Mäander und die Hochwasserflutbetten vom Hauptflussbett abzutrennen. Die Frage, wo solche Eingriffe genau vorgenommen wurden, stellt sich heute ganz zwangsläufig, wenn man sinnvollen Hochwasserschutz betreiben möchte. Aber sie lässt sich nicht so einfach beantworten. Denn genaue Karten existieren nicht, und abgesehen von einigen Beschreibungen sind meist nur Geländes-

Wo Bäume und Gesträuch die Fließgeschwindigkeit des Hochwassers bremsen, entstehen große Sanddünenfelder. Auf ihnen wächst als Erstes Rohrglanzgras und befestigt den Sandberg.

kizzen erhalten geblieben. »Auflaufendes Hochwasser« hat mir jedoch, wie ich glaube, die passende Erklärung geliefert, und so möchte ich ein wenig philosophisch antworten: Auch Wasser scheint ein Gedächtnis zu haben und scheint zu wissen, wo es einmal geflossen ist. Zumindest zeichnete sich auf der Bucher Brack bei Jerichow durch auflaufendes Wasser eine feuchte Fläche in der Wiese ab, die die Form eines ehemaligen Mäanders zeigte. Dadurch kann ich mir jetzt vorstellen, wo der Mäander war und wo einst vor dreihundert Jahren ein Durchstich vorgenommen wurde.

Hochwasser an der Elbe

Umspülte, große Sandbank im Zwischenbuhnenfeld, beliebter Brutplatz von Flussregenpfeifern.

Die Elbe nördlich der Fährstelle Havelberg-Räbel. Durch die Fliehkraft des fließenden Wassers schwingt die Elbe bald nach rechts und dann wieder nach links, sie mäandriert. Das Flussufer, wo die Strömung in der Flussbiegung nahe am Ufer vorbeifließt, nennt man Prallhang, weil dort die Strömung besonders stark radiert. Dem gegenüber liegt der Gleithang. Bei Niedrigwasser befinden sich dort riesige Sandbänke in den Zwischenbuhnenfeldern.

3 Die Elbquelle

Während meiner Zeit als wissenschaftlicher Mitarbeiter im Tierpark Berlin ging es anfänglich, wenn ich frei hatte, und das war nicht immer nur an den Wochenenden, in die heimatliche Altmark, in die Elbaue bei Tangermünde. Als wir 1967 nach langer Wartezeit unseren ersten Trabbi erhielten, entstand die Idee, im Urlaub auch andere Elbregionen zu besuchen und schließlich zur Elbquelle in die ČSSR zu fahren. Von der Schneekoppe bei Spindlermühle im Riesengebirge sollte es dann etappenweise zurück bis Mělník, dem Zusammenfluss von Elbe und Moldau, gehen. Was waren wir überrascht, wie schmal die Elbe dort am Rande des Riesengebirges in der ČSSR noch war. Auf der Landkarte war sie immer ein dicker blauer Strich. Ein Steinwurf reichte, um das andere Ufer zu treffen – für meine Söhne ein echtes Aha-Erlebnis.

Als biologisch Interessierter fiel man auch in der damaligen ČSSR auf, schnell kam man mit den Tschechen in Kontakt, und so kam es, dass uns in Quellraumnähe ein echter zoologischer Leckerbissen gezeigt wurde: Ein tschechischer Jäger führte uns zur »neuesten Kostbarkeit« des Riesengebirges, wie er es nannte. Hier im Riesengebirge hatten die Tschechen wieder Gämsen angesiedelt. Gämsen gab es zwar in der Hohen Tatra, aber nicht mehr im Riesengebirge. Und so kam ich zu meinen ersten Fotos von Gämsen. Unserem tschechischen Freund mussten wir jedoch versprechen, das für uns zu behalten, weil es unter Jägern immer auch schwarze Schafe gibt, die auf eine Gams schießen, nur um an einen Gamsbart für ihren Jägerhut zu gelangen. Auch in der Altmark gab es solche »gamsbärtigen Sonntagsjägerhüte« zur Genüge.

Durch Filmaufnahmen für das DDR-Fernsehen bin ich später noch einmal bei diesen Gämsen gewesen. Wie mir ortsansässige Jäger berichteten, sind von diesen ausgewilderten tschechischen Tieren einige wenige zu »vierbeinigen Grenzgängern« geworden, sie sollen bis zu uns in unser Elbsandsteingebirge auf die DDR-Seite gewandert sein.

Von Mělník aus fuhren wir mit unserem neuen Trabant erst einmal weiter moldauaufwärts in Richtung Prag. Hier im ehemaligen Böhmen wurden Elbe und Moldau vor über hundert Jahren durch Staustufen schiffbar gemacht. Sofort wurden alte Geschichten und Erzählungen meiner Großväter, die beide Elbeschiffer waren, in mir lebendig. Sie hatten davon erzählt, wie sie mit ihrem Elbkahn von Bittkau über Magdeburg und Dresden bis nach Prag gefahren waren. Schon zur Kaiserzeit hatten sie die »Goldene Stadt« kennengelernt, von der wir nach dem Zweiten Weltkrieg nur träumen konnten.

Schiffsverkehr auf der Elbe im Frühjahr

Nationalpark Sächsische Schweiz

Zwei Dinge waren revolutionär für die Elbeschifffahrt um 1850 bis 1900 und danach: die Nutzung der Dampfmaschine auch auf Schiffen und eine stabile, geschmiedete Kette auf dem Grund der Elbe. Diese Kette lag von Hamburg und moldauaufwärts bis Prag im Wasser, und an ihr zogen sich Kettendampfer elbeaufwärts. Die Kette wurde von einem großen Zahnrad vorn aus dem Wasser und über das Deck gezogen, und dieses Zahnrad auf Deck wurde von einer Dampfmaschine angetrieben. Hinten verschwand die Kette wieder im Elbwasser auf dem Grund. Die Kettenraddampfer machten einen ohrenbetäubenden Lärm, wenn die Kette beim Vorwärtsziehen über das Deck rasselte, weshalb mein Großvater sich immer weiter hinten im Schlepp anhängen ließ.

Hamburg und Prag waren also zu jener Zeit durch die in der Flussmitte liegende, »endlose«, sehr starke Kette verbunden, an der sich Kettenraddampfer gegen die Strömung elbe- und moldauaufwärts bis Prag »hangelten«. Elbeabwärts dagegen wurde auf dem Treibkahn bei günstigen Windverhältnissen das Segel gesetzt. Wer weiß das heute noch, dass auch auf der Elbe mit Lastkähnen gesegelt wurde? Mein Großvater und mein Urgroßvater besaßen als Berufsschiffer für die Elbe das »Segelpatent«. Beide Patente werden heute von unserem sportbootbegeisterten Sohn sorgsam aufbewahrt und stolz Interessenten vorgeführt.

Vor dem Zweiten Weltkrieg wurden die ehemaligen Kettenraddampfer zu Schaufelraddampfern umgebaut. Motorlose Schleppkähne wurden von solchen Schaufelraddampfern als Schleppverband elbeaufwärts gezogen. Bei diesen Dampfern waren rechts- und linksseitig große Schaufelräder angebracht, so dass sie sich auf diese Weise vorwärts bewegten. Wir kennen heute noch Schaufelraddampfer von den Dampfern der Weißen Flotte in Dresden. Vielen Treibkähnen wurde später ein kräftiger Dieselmotor im Heck eingebaut. Das machte sie zu selbständig fahrenden Wasserfahrzeugen. Heute haben Schubeinheiten den Lastentransport auf dem Wasser abgelöst.

Aber zurück zu unserer Reise: Von Prag aus ging es wieder zurück in Richtung Heimat, nach Norden, auf Straßen, die an Moldau und Elbe entlangführten. Die Fahrt durchs böhmische Elbsandsteingebirge beeindruckte uns aufs Neue: vorbei an Außig, dem heutigen Ústí nad Labem, und dem Schreckenstein. Auch hiervon hatten meine Großeltern berichtet, hatten jedoch alles sehr viel bombastischer geschildert, weil die Perspektive, vom Kahn auf der Elbe aus, alles viel steiler, viel größer hatte erscheinen lassen.

Schon meine beiden Großväter hatten lebhaft von diesem bezaubernden Flusstal berichtet, das mit der Sächsischen Schweiz heute zum Weltnaturerbe zählt. Vor dem Ersten Weltkrieg waren die Elbschiffer noch scheinbar grenzenlos bis Prag auf der Elbe und Moldau hin und her gefahren. Kontrolliert wurde damals immer nur am Zielort mit einem Blick in die Frachtpapiere. Diese Freiheit und die Schönheit der Natur entschädigten die Schiffer für harte Arbeit. Sie konnten sich sogar einen bescheidenen Wohlstand aufbauen. Doch zwei Kriege haben ihnen alles wieder genommen. Und auch die Freizügigkeit auf der Elbe hatte 1945 ein jähes Ende. Erst heute ist die Elbe wieder ein Fluss, der Völker und Menschen verbindet – so, wie es meine Großeltern vor über hundert Jahren erlebten.

Blick von der Elbebrücke Roßlau

4 Der Wanderfalke

Bei einer Fahrt durchs Elbsandsteingebirge Ende der sechziger Jahre glückte mir die Beobachtung einer zu jener Zeit besonders seltenen Vogelart. Damals herrschte erheblich weniger Verkehr und man konnte bei der Fahrt auch auf vorbeifliegende Vögel achten. Über dem Elbtal kreiste plötzlich ein Wanderfalke. Umgehend fuhr ich rechts ran und wir haben diesen damals äußerst raren Greifvogel minutenlang beobachtet.

Die Baumbrüterpopulation des Wanderfalken galt durch den Einsatz des Insektizids DDT in den siebziger Jahren als ausgestorben. Nur in Westdeutschland hatten einige wenige Felsbrüterpaare überlebt. Es wurde deshalb vermutet, dass auch in Ostdeutschland ein oder zwei Paare überlebt haben könnten, beispielsweise im Elbsandsteingebirge. Diese Region wird bis heute von Wanderfalken als Brutplatz genutzt.

Nach dem Zweiten Weltkrieg hatte man im späteren Gebiet der DDR überall Wanderfalken antreffen können. In jedem größeren Feldgehölz, in dem Krähen brüteten, waren auch Wanderfalken als Nachnutzer von Krähennestern zu finden. Ich kann mich erinnern, dass ich damals überall an der Elbe, aber auch an der Saale und anderen Nebenflüssen, Wanderfalken beobachtet habe.

Eine Beobachtung vor über fünfzig Jahren ist mir besonders in Erinnerung geblieben: Die Russen hatten wieder einmal vom Sturmboot aus Jagd auf Stockenten gemacht und einen Erpel »angebleit«, der so ganz allmählich an Höhe verlor. Wie aus dem Nichts tauchte über der Ente plötzlich pfeilschnell ein Wanderfalke mit angewinkelten Flügeln am Himmel auf, hakte sich mit den Fängen blitzschnell ein und segelte nun mit seiner Beute einige hundert Meter weiter bis zum Deich. Dort angekommen, stand er auf seiner Beute, dem inzwischen verendeten Erpel, und schaute prüfend um sich. Als er sich sicher fühlte, fing er an, die Federn an der Brust auszurupfen und zu kröpfen. Wanderfalken fressen von der Beute nur das Beste: nämlich das Brustfleisch! Die Russen hatten von all dem nichts mitbekommen, und weil Wanderfalken zu dieser Zeit zuhauf an der Elbe vorkamen, waren sie mit ihrem Boot weiter flussabwärts gefahren.

Der erste in der Nikolaikirche aufgekommene junge Wanderfalke in Ostberlin

Wanderfalken sind Jäger der Lüfte und »schlagen« fliegende Beute. Dazu schrauben sie sich gelegentlich bis in eine Höhe von achthundert bis eintausend Meter hinauf und schießen wie eine Rakete von oben auf vorbeifliegende Tauben, Enten, Schnepfenvögel oder ähnliches Gefieder herab, die durch den Aufprall einen Schock erleiden und daran letztlich auch sterben.

Als es 1955 zu einer ersten westelbischen Ansiedlung von Seeadlern im Forst Briest kam, waren auch hier Wanderfalken die Nachnutzer der alten Seeadlerhorste. Einmal, als die Adler kurz im alten Briester Revier aufkreuzten – die Wanderfalken hatten gerade Junge im ehemaligen Seeadlerhorst –, wurden sie wütend vom »Terzel«, wie Greifvogelmännchen genannt werden, attackiert. Die Adler wehrten sich, warfen sich in der Luft auf den Rücken, die Fänge nach oben in die Luft abwehrend, und versuchten, dem wendigen Flieger auszuweichen. Im Laufe dessen kam der Terzel in einem Fall so wild herangebraust, dass er die Kurve nicht kriegte und durch den Flügel eines Adlers »polterte«. Beide wirkten durch den Vorfall sehr verschreckt und hielten danach in der Luft etwas mehr Abstand voneinander. Weil die Wanderfalken so heftig ihre Brut und das Revier verteidigten, verschwanden die Adler bald wieder.

Blick auf einen Elbbogen Richtung Tschechien

Dichtes Treibeis auf der Elbe

5 Bei Eisstau wird's gefährlich

Es war der strenge Winter 1962/63. Wie immer war ich an der Elbe mit dem Fahrrad unterwegs, um zu beobachten. Die Elbe hatte sehr niedriges Wasser, aber starken Eisgang. Die Kiesflächen zwischen den Buhnen waren trockengefallen. Es war bitterkalt, etwa minus zwanzig Grad Celsius. Ich befand mich auf Höhe des Elbekilometers 378 zwischen Schelldorf und Grieben am Baggerloch auf dem »Bülten«, der bei Hochwasser eine Insel ist. Da bemerkte ich, wie das Eisschollengeschiebe langsamer wurde und allmählich zum Stehen kam. Plötzlich kam wieder Bewegung in das Ganze, die Schollen türmten sich auf und stauten sich fächerförmig senkrecht gen Himmel und bildeten eine riesige Wulst auf der gegenüberliegenden Seite der Elbe, am »Königsbusch« bei Klietznick, wo auch die Fahrrinne verläuft. Wenige Minuten später schoben sich die Schollen auch auf meiner Seite am Bülten zusammen, und es entstand ein richtiger Damm aus Eisschollen quer über die Elbe. Eine merkwürdige Stimmung. Dazu jene unheimlichen Geräusche: ein Knirschen, das Bersten von Schollen, ein starkes Rauschen des Wassers. Nach nur einer viertel Stunde war die Elbe »dicht«, und in der nächsten halben Stunde stieg vor dieser Wulst das Wasser um etwa anderthalb Meter an. Die niedriggelegenen Wiesen auf meiner Seite wurden überflutet. Schollen trieben seitlich aufs Grünland, und ich flüchtete auf einen Hügel am Baggerloch, den man künstlich aufgetürmt hatte, als vor Jahren noch Kies gefördert wurde. Früher stand dort sogar eine Baracke, recht sicher vor Hochwasser. Mir wurde himmelangst und bange. Ich erinnerte mich an

Die Elbe »steht«, so wird die flächig zugefrorene Elbe bezeichnet.

Bei sehr sicherer, starker Vereisung wird ein Weg übers Eis mit Zweigen abgesteckt. Auf diesem kann man gefahrlos das andere Ufer, hier das Ferchland von Grieben aus, erreichen.

die Worte meines Großvaters, der mir erzählt hatte, dass durch Eisstau die schlimmsten Katastrophen an der Elbe passiert seien. Und nun saß ich selbst in der Falle, wenn nicht ein Wunder eintrat, denn der »Bülten« wurde schnell wie eine Insel umflossen. Während ich im Windschutz eines Strauches das Wasser allmählich näherkommen sah, kaum Sinn für dieses Naturschauspiel hatte und vor Aufregung die Kälte gar nicht spürte, gab es plötzlich drüben am Königsbusch wieder einen mächtigen Knall, und ein ohrenbetäubendes Rauschen begann. Der Damm aus Eisschollen rutschte auf rund fünfzig bis achtzig Meter zusammen, und der Eisstau hatte ein mächtiges Loch. So schnell, wie das Wasser gestiegen war, fiel es auch wieder. Ich flüchtete von meinem Hügel in Richtung Furt, um den Bülten verlassen zu können. Dort war, wie durch ein Wunder, kein Wasser mehr, weil die Elbe logischerweise hinter dem Eisstau extrem flach war. Dafür stand Wasser an einer anderen Stelle auf der Wiese am Deich, an der ich aber noch gut durchwaten konnte. Erst als ich vom Deich aus mit meinem Fernglas zurückschaute, löste sich die Anspannung. Seither habe ich vor Eisgang und Vereisung einen Höllenrespekt. Kurze Zeit später »stand« die Elbe, so nennt man das flächige Zusammenfrieren der Schollen. Noch Tage später blieb übrigens diese Stelle am Bülten und Königsbusch wegen der dort herrschenden starken Strömung eisfrei und wurde von allen Wasservögeln der Umgebung umlagert, um an Trinkwasser zu gelangen. Auch siegte in mir bald wieder die Neugier, der naturwissenschaftliche Erkundungstrieb, und ich wanderte wieder zu jener Eisbarriere, um zu beobachten, immer aber sehr, sehr vorsichtig und immer »die Angst im Nacken«, noch einmal in eine solche gefährliche Situation zu kommen. Erst mit einsetzendem Tauwetter verschwanden die Eistrümmer, die überall auf der Wiese verstreut lagen.

Ehe die Elbe zufriert, walten starke Kräfte. An manchen Stellen werden Eisschollen zu hohen Bergen zusammengeschoben.

Eisgang auf der Elbe

Baumbestand am winterlichen Elbufer

Altwasser mit Flutrinne, Steckby-Lödderitzer Forst

Aus der Vogelperspektive wird besonders deutlich, wo sich Prallhang und Gleithang befinden: hier die Ringsfurther Schleife. Die weiten Kiesflächen der Gleithänge sind beliebte Brutplätze von Flussregenpfeifer, Austernfischer und Flussuferläufer.

6 Ein Strom verlegt seinen Lauf

Je älter man wird, umso mehr interessieren einen Dinge aus der Vergangenheit, gewiss eine gängige Erfahrung, die viele in meinem Alter machen. An der Elbe aufgewachsen, interessieren mich die Elbe und die Elblaufveränderungen, also Fragen wie: Wie hat einst die Elbaue ausgesehen, wo ist die Elbe früher geflossen? Meine Großeltern, alle an der Elbe geboren und beide Großväter ehemalige Elbschiffer, erzählten mir als Kind viel über die Zeit von damals. Heute würde ich gern manches hinterfragen, nun aber ist es zu spät. Jetzt, da ich selbst in jenem honorigen Alter bin, muss ich feststellen, dass sich, wenn ich auf die vielen Vorkommnisse zurückblicke, die zeitlichen Abstände in meiner Erinnerung immer mehr zusammenschieben. Schilderungen und Erlebnisberichte von Zeitzeugen sind sehr wichtig, belegen sie doch, wie sich Dinge innerhalb weniger Jahrzehnte verändern. Will man zeitlich weiter zurückgehen, muss man auf alte Quellen zurückgreifen. Dabei ist zu berücksichtigen, dass zu jener Zeit bestimmtes naturwissenschaftliches Grundwissen noch nicht vorhanden war. Niedergeschriebenes kann somit auch fehlerhaft sein. Wir müssen historisch überlieferte Berichte von Zeitzeugen durch einen kritischen Denkfilter heutiger Erkenntnisse betrachten. Das klingt ein wenig geschwollen, ist aber so zu verstehen, dass für die altvorderen Autoren zu damaliger Zeit ganz andere Werte und Bezugsschwerpunkte in unserer Elbelandschaft wichtig waren. So treibt es mich immer wieder zu solchen Leuten, die sich wie ich über die Vergangenheit Gedanken machen. Einer dieser Seelenverwandten ist Fritz Beckmann aus

Buch, der als Ortschronist Vergangenes sammelt und bei dem ich in alten Quellen in Ruhe studieren kann und die Möglichkeit habe, das Denken früherer Zeit richtig zu verstehen.

Als Naturwissenschaftler habe ich in all den Jahren meinen Blick geschult und kann in der Elbelandschaft wie in einem Buch lesen, kann heute noch alte Flutrinnen, Prallhänge und Gleithänge, aber auch einstige Flussdünen in der Elbaue finden und erkennen. Aber beginnen wir von vorn: Es ist bekannt, dass vor dreihundert bis vierhundert Jahren die Elbe noch mehrarmig und in riesen Mäanderschlingen floss und nach Hochwasser ständig ihr Flussbett veränderte. Inmitten des Flusses gab es noch Inseln und vor allem Sandbänke als Hindernisse. Um die Elbe schiffbar zu machen, musste man die Elbe begradigen und in ein Flussbett zwingen. Beschrieben sind in historischen Dokumenten die für die Begradigung notwendigen Durchstiche, durch die die weiten Mäander von der Stromelbe abgetrennt wurden. Zwei solcher Durchstiche sind nach 1700 südlich von Tangermünde, bei Jerichow und Buch, geschehen. Heute stellt sich die Frage, wo genau das geschah. Weil mich seit langem die Entstehungsgeschichte des Naturschutzgebietes Schelldorfer See besonders interessiert, war ich vor vierzig Jahren davon ausgegangen, dass einer der beiden Durchstiche diese Gegend betraf. Es waren Schilderungen meiner Großmutter, einer gebürtigen Schelldorferin, die mich bezüglich der Abtrennung des Schelldorfer Sees von der Hauptflutrinne der Elbe zu völlig falschen Schlüssen führte. Denn der Schelldorfer See war bereits vor der Gründung des gleichnamigen Dorfes vom Hauptstrom der Elbe abgetrennt gewesen. Heute wissen wir, dass der Mäander des Schelldorfer Sees vor sechshundert bis achthundert Jahren die Hauptflutrinne der Elbe war. Das lässt sich heute beweisen. Manchmal bedarf es nur eines kleinen Anstoßes. Den bekam ich von Norbert Muschak, einem Jäger aus Schelldorf: Der Südteil des Schelldorfer Sees wird als »Klingbüdel« bezeichnet. Ein Begriff, der nicht typisch ist für diese Region. Das spricht eher für eine Zollstelle. Hat

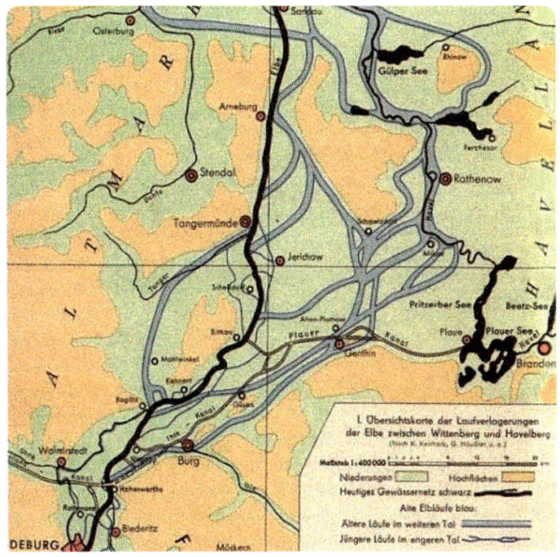

Alte Elbläufe

hier zufällig auf einer Flussdüne am Prallhang die untergegangene Zollstelle Mellingen gelegen, die bis heute lokal nicht genau zugeordnet werden kann?

Als ich jüngst bei auflaufendem Hochwasser auf den Wiesen der Bucher Brack westlich von Jerichow unterwegs war, zeichneten sich durch das steigende Wasser alte Mäanderflutrinnen ab, die heute völlig versandet sind. Das Wasser floss sozusagen von hinten zurück durch die alte Elbe in alten Flutrinnen im Feuchtgrünland zum heutigen Elbufer aufwärts. Dort, wo der Mäander einst verlief, war das sandige Erdreich im Grünland plötzlich feuchter als das Umland, und so zeigte sich mir der einstige Verlauf der Flutrinne. Und siehe da, es waren etwa die Bereiche, die in einer von Fritz Beckmanns Kartenskizzen eingezeichnet waren. Bereiche, in denen das Wasser der Elbe in die Mäander abgeschwenkt war, ehe sie begradigt und die Durchstiche vor dreihundert Jahren getätigt wurden. Heute haben das ständige Radieren des fließenden Elbwassers und der Zahn der Zeit alle Beweise der Fließbereiche alter Mäander und des ehemaligen Durchstichs weggespült. Nur das auflaufende Hochwasser offenbart einem bei einem bestimmten Wasserstand, wie es gewesen sein könnte. Damit steht fest, dass der Bölsdorfer Haken bis vor etwa dreihundert Jahren noch Flutelbe gewesen ist und das fließende Wasser dort gegen den Deich strömte, mit allen den Nachteilen für die Feldmark Buch und Bölsdorf, das damals noch Bellstorf hieß. Erst durch den zweiten Durchstich wurde auch der Bölsdorfer Haken zu einem Stillgewässer im Überflutungsbereich. Auf einer alten Landkarte von etwa 1850 ist noch genau zu erkennen, wo man den alten Elbarm in Richtung Böls-

Abtrennen der Flutrinne zum Bölsdorfer Haken

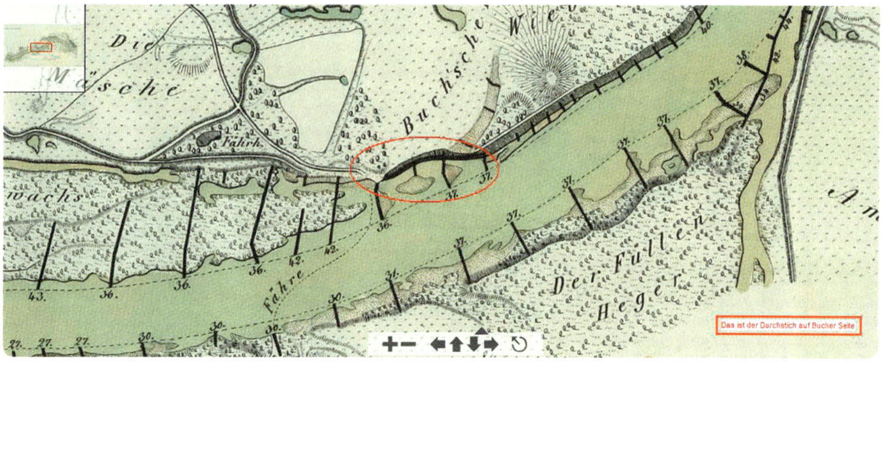

Überflutungsbereich an der Elbe

dorfer Haken verschlossen hat. Es war direkt hinter dem »Stummeldeich«, der ehemaligen Zufahrt zur alten Fährstelle von Buch, also südlich von der heutigen Fährstelle. Wir dürfen hierbei aber nicht außer Acht lassen, dass es sich bei den alten Landkarten oft nur um Skizzen handelt. Sie dürfen nicht mit dem Maßstab und der Genauigkeit heutiger Messtischblätter verglichen werden. Besonders interessant für mich: Auf besagter Skizze ist eine Flussinsel auf der Jerichower Seite des Mäanders eingezeichnet. Diese Flussinsel oder Flussdüne, »Pastorberg« genannt, bleibt auch bis heute bei mittlerem Hochwasser eine Insel, und das seit dreihundert Jahren! Dort ruhen tagsüber bei Hochwasser Kraniche, Enten und Gänse und sind vor Menschen geschützt und ungestört.

Elbufer mit wildwachsendem Schnittlauch

7 Das »sagenhafte« Heidebleck

Es hat schon immer schlimme Hochwasserkatastrophen an der Elbe gegeben. In der über tausend Jahre alten Hansestadt Tangermünde befindet sich unten am Hafen die »Rossfurt«, ein imposantes Stadttor, das inmitten der Stadtmauer am Hafen liegt und in die höhergelegene Altstadt führt. Hier unten an der Rossfurt sind die extremen Hochwasserstände der letzten Jahrhunderte angezeichnet. Dabei war das Hochwasser von 1845 das wohl bisher höchste. Nur das Hochwasser von 2013 weist einen noch höheren Wert auf, was allerdings darauf zurückzuführen ist, dass gegenüber von Tangermünde, bei Fischbeck, der Deich brach und die Elbe das machte, was sie immer schon tat: Sie ergoss sich ins Hinterland, in den Elbe-Havel-Winkel. Die Elbe nahm sich nun eigenmächtig den Raum, der beim Hochwasserschutz in Magdeburg seit 2002 angemahnt worden war, dass nämlich für Extremhochwasser Retentionsflächen eingerichtet werden müssen, damit Menschen und Tiere nicht zu Schaden kommen. Die schwerfällige Bürokratie des Landesbetriebs für Hochwasserschutz und Wasserwirtschaft hatte dies in den zurückliegenden Jahren verhindert, und vermutlich wird dies auch bis zum nächsten Hochwasser so weitergehen. Dann wird man den Betroffenen wieder einmal erklären, dass man verwaltungsrechtlich alles richtig gemacht habe. Dabei merken Politiker und Behörden nicht, dass sie nach dem Deichbruch bei der betroffenen Bevölkerung der Elbe-Havel-Niederung an Glaubwürdigkeit und Vertrauen längst verloren haben. Das gilt in gleicher Weise für die Betroffenen der Deichbruchstelle der Niederung am Zusam-

Neuer Heidebleck-Gedenkstein, der seit 1994 auf dem Deich gegenüber von Schelldorf steht

menfluss von Saale und Elbe bei Rosenburg und Breitenhagen. Auch hier dürften die Behörden und Politiker auf wenig Verständnis stoßen.

Wir wissen, dass das Hochwasser von 2013 siebzig Zentimeter höher war als das Hochwasser von 2002 und auch höher als das bisher höchste gemessene Hochwasser bei Tangermünde von 1845. Der Grund für dieses besonders starke Hochwasser 2013 war, dass die Hochwasserwelle der Saale im Mündungsbereich auf die Hochwasserwelle der Elbe traf. Wie hoch wäre die Hochwasserwelle in Magdeburg und weiter nördlich gestiegen, wenn der Deich bei Breitenhagen/Rosenburg nicht gebrochen wäre? Auch im Elbe-Saale-Winkel hat sich die Elbe in einer Retentionsfläche ausbreiten können, auch wurde der Scheitel des Hochwassers hier erstmals durch den Deichbruch gebrochen. Dadurch ist Magdeburg glimpflich davon gekommen. Das zweite Mal wurde die Hochwasserwelle durch den Deichbruch bei

Fischbeck gebrochen. Das ging nun zulasten der Bewohner des Elbe-Havel-Winkels. Nutznießer waren die Städte an der Unterelbe.

Beim Extremhochwasser von 1845 war meines Wissens der Elbedeich zwischen Rogätz und Sandkrug gebrochen, wodurch die Bittkauer Platte zur Insel wurde. Das Hochwasser ergoss sich in die Tangerhütter Tangeraue, und die Elbe floss dort bei Hochwasser wie vor eintausend Jahren. Dieses Hochwasser mündete wieder bei Tangermünde in die eigentliche Elbe. Durch Aufzeichnungen aus Tangermünde weiß man, dass beim Extremhochwasser von 1845 das Wasser wohl einen Meter über die damaligen Schutzdeiche geflossen ist, auch über den alten, damals noch intakten Ringdeich um die Gemeinde Buch, südlich von Tangermünde. Aus heutiger Sicht schließe ich daraus, dass das Hochwasser von 1845 etwa die gleichen Wassermassen trans-

Stadtansicht von Tangermünde mit Stadtmauer – vom Hafen aus zur Rossfurt

portierte wie das Hochwasser von 2013, nur durch die weiten Überflutungen in Tangermünde niedriger ankam. Der Ortschronist von Buch, Fritz Beckmann, hat übrigens vor einiger Zeit die Deichhöhe des noch stückweise vorhandenen Bucher Ringdeiches vermessen lassen. Das Ergebnis: Verglichen mit dem nach DIN-Norm neuerrichteten Deich am Bölsdorfer Haken ist der alte Bucher Ringdeich rund 1,3 Meter niedriger. Bei einem Deichbruch oder Extremhochwasser wäre er also nutzlos.

Blick zur Rossfurt beim Sommerhochwasser 2002

Wegen Hochwasser wurden an der Elbe schon immer Siedlungen aufgegeben, wenn es zu gefährlich wurde, wenn zum Beispiel die Elbe nach einem Extremhochwasser ihr Flussbett verlagert hatte. So erging es auch der Siedlung Heidebleck südlich von Tangermünde. Als Heidebleck (ursprünglich Heydebleck) habe ich jahrzehntelang den Raum schräg gegenüber von Schelldorf bezeichnet, dessen Flutrinnen und hinter dem Deich liegenden Ackerflächen für viele Zugvögel ausgesprochen attraktiv sind. Der Grund für meine Geländebezeichnung war ein etwa ein Meter breiter alter Heidebleck-Gedenkstein, der rechtselbisch auf dem Deich stand und seinerzeit, als der Deich in den siebziger Jahren erhöht wurde, vom Buchener Otto Langnese geborgen und wieder an derselben Stelle aufgestellt worden war.

Da meine Großmutter eine gebürtige Schelldorferin war, wusste sie auch von jenem damals schon sagenumwobenen Heidebleck zu erzählen, einer kleinen Siedlung, die wegen Hochwasser vor mehr als zweihundert Jahren aufgegeben worden war, denn seit zweihundert Jahren liegt, kaum überwindbar, die breite Stromelbe dazwischen. So berichtete sie mir immer wieder, dass – Generationen vor ihr – Frauen aus Schelldorf mit dem Spinnrad auf dem Rücken die damals viel schmalere Flutrinne zwischen Heidebleck und Schelldorf querten, ohne einen Kahn zu benutzen.

Wie muss man sich das heute vorstellen? Die Elbe ist noch vor zweihundert Jahren mehrarmig geflossen, und die Flutbetten änderten, je nach Wasserstand, ständig ihre Durchflussstärke. So dürfte der Flutarm zwischen Schelldorf und Heidebleck zu jener Zeit nicht größer gewesen sein als heute der etwa dreißig bis fünfzig Meter breite Häling, einem Altwasser bei Schelldorf. Der Hauptarm der Stomelbe soll östlich zwischen Ferchland und Klietznick durch die Niederung Klitz geflossen sein. Unsere Ahnen mussten immer sehr erfinderisch sein, um ihr Überleben zu sichern, und wussten sich mit einfachen Mitteln zu helfen. So stellten sie dreibeinige Heureiter – umgangssprachlich auch »Heureuter« genannt – quer und in gewissen Abständen ins Wasser oder sie rammten, je nach Wassertiefe, Pfähle in den Grund und befestigten daran waagerecht ein Trittholz und darüber in Handhöhe ein Hand- oder Halteholz. Das Ganze durfte nur nicht umkippen. Mit Hilfe solcher Konstruktionen erreichte man früher trockenen Fußes das jenseitige Ufer. Übrigens habe ich solche Konstruktion nach dem Krieg noch zum Überqueren des Häling bei Schelldorf gesehen. So kürzte man Wege ab, um zum Weidevieh oder zum Kiesbagger auf den Bülten, einer Insel, zu gelangen. War die Furt zum Bülten wegen höheren Wassers überflutet, konnte man trotzdem trockenen Fußes die Bülteninsel erreichen, wenn ein Kahn fehlte. Dieses Wissen, diese Erfahrung, wie sich unsere Vorfahren zu helfen wussten, um übers Wasser zu kommen, ist völlig in Vergessenheit geraten.

Gegenüber bei Heidebleck lag einst eine Zollstelle. Sie wurde vor zweihundert Jahren auch mit aufgegeben. Auch von einer »Spinnweide« und dem »Wettspinnen« wusste meine Großmutter zu erzählen, also davon, dass man abends bei Tageslicht »zur anderen Seite« und morgens beim Hellwerden wieder zurückging. Schafwolle wurde nämlich in unserer Region nur im Dunkeln beziehungsweise in der Nacht gesponnen, nicht am Tage!

Weil der alte Heidebleck-Gedenkstein, den zu DDR-Zeiten der ABV sichergestellt haben soll, nach der Wende verschwunden war, wurde am 1. August 1998 an gleicher Stelle hinter dem Deich ein neuer Gedenkstein aufgestellt. Es ist ein beeindruckender Stein aus rotem Granit. Bei der Einweihung des Gedenksteines fielen mir die Worte meiner Großmutter wieder ein, die sagte, dass Heidebleck »schräg gegenüber« gelegen hätte, weiter nördlich, wo sich heute noch jene höhere, mit Kiefern bewachsene Flussdüne befindet, die eine Besiedlung wahrscheinlicher erscheinen lässt. Die Gedenksteine standen und stehen heute weiter südlich. In alten Schelldorfer Dokumenten heißt es, dass Heidebleck nordöstlich von Schelldorf gelegen haben soll. Dort war man auch bei Hochwasser vor »Qualmwasser«, das unter dem Deich durchfließt, sicherer. Im Gegensatz zu uns wussten unsere Vorfahren, dass es besser war, sich den Unbilden des Lebens anzupassen. Gleichzeitig geschieht es heute noch, dass man weiter südlich bei Feldarbeiten Fundamentbacksteine hochpflügt. Weiter nördlich, wo ich heute die einstige Ansiedlung Heidebleck vermute, hat bisher nur ein Fuchs seinen umfänglichen Bau gebuddelt. Dort auf der Flussdüne steht heute mickriges Kieferngehölz, mit dem sich niemand näher befasst. Manches hierzu bleibt also in meinen Augen noch »sagenhaft« und ungeklärt.

Überfluteter Auenweg bei ansteigendem Hochwasser

Überflutete Elbwie

8 Ein ganz besonderer Graureiher

In den Jahren 1966 und 1967 erhielt ich vom DDR-Fernsehen den Auftrag, einen Film über die Elbaue bei Tangermünde zu machen. Gedreht wurde in den Grünlandbereichen bei Tangermünde, am Schelldorfer und Schollener See und in der Reiherkolonie im Jederitzer Holz bei Havelberg. Zu jener Zeit steckte das Farbfernsehen noch in den Kinderschuhen, und wir mussten deshalb Schwarzweiß-Filmmaterial verwenden. Die Endfassung des Filmes, der unter dem Titel *Und sang da nicht die Nachtigall* ausgestrahlt wurde, lag in den Händen des kürzlich verstorbenen Regisseurs und Kameramanns Horst Mielast. Leider ist der Film seit der Wende verschollen. Für das Fernsehen drehte ich noch zahlreiche weitere Fernsehbeiträge über das Verhalten von Tieren im Tierpark Berlin, die dann in der Sendereihe »Tierpark-Teletreff« ausgestrahlt wurden. Weil ich nicht nur als Fachberater, sondern auch als Kameramann engagiert war, habe ich in den Jahren 1977 und 1978 so manchen Tag (und manche Nacht) einsam und allein in einem Baumversteck in Reiherkolonien zugebracht – Reiher brüten nämlich in Bäumen. Bei den Dreharbeiten musste ich die Erfahrung machen, dass Graureiher sehr viel stärker nachtaktiv sind, als uns bekannt war. Graureiher balzen in der Kolonie im Frühjahr zur Nestbau- und Nestbesetzungszeit die ganze Nacht.

Eine Beobachtung ist mir besonders in Erinnerung geblieben: Ich saß auf meinem Hocker im engen Baumversteck und horchte in die Nacht hinein. Direkt neben meinem Versteck befand sich ein alter Reiherhorst aus dem Vorjahr, der einem Reihermann, trotz unseres nahen Verstecks, sehr gefiel. So balzte er neben mir die ganze Nacht und schrie seine Balzrufe immer und immer wieder in die Dunkelheit, wohl hoffend, dass ein Weibchen ihn erhört. Dieses Rufen war so unangenehm laut, dass ich mir die Kopfhörer unseres Tongerätes aufsetzen musste, damit mein Trommelfell keinen Schaden nahm. Aber Graureiherdamen empfinden eben anders, auf sie hat dieses Geschrei eine anlockende Wirkung. Als ich durch das etwa einen Zentimeter große Guckloch schaute, erkannte ich im fahlen Licht des Morgens zwei »Ständer« – oder vielmehr die Beine des Schreihalses. Sie waren zum Greifen nah, nur eine Zeltplane trennte mich von ihnen. Und wie ich so schaute, senkte plötzlich auch der »Herr Schreihals« den Kopf und schaute neugierig durchs Loch zu mir ins Versteck und somit mir direkt ins Auge.

Graureiher

Wissenschaftler sagen Reihern nach, sie hätten einen stechenden Blick, weil sie fähig sind, binokular Beute zu fixieren. In diesem Fall waren wir wohl beide einfach nur neugierig, was sich hinter der Zeltplane verbirgt. Er fixierte mein Auge, und ich betrachtete die seinen, hielt den Atem an und war gespannt, was als Nächstes passiert. Aber es geschah nichts. Er putzte sich lediglich kurz durchs Gefieder – eine Übersprunggeste, um in Verhaltenskonflikten Erregung abzubauen. Bei uns Menschen ist das übrigens nicht anders, wenn wir uns, sind wir nervös, durch die Haare fahren.

Als ich bei einer Sitzung einige Tage später vorsichtshalber einen kleinen grünen Zweig durchs Loch schob, um hinter der Plane besser in Deckung zu sein, erschien in der Öffnung ein Schnabel, und der Reiher zog den Zweig zu sich nach draußen. Dadurch wurde mir klar, dass sich der Vogel durch mich nicht bedroht fühlte. Ihm ging es allein um den Zweig, den er als Baumaterial für sein Nest brauchte. Dass dieser durch eine Zeltplane »gewachsen« war, spielte dabei keine Rolle.

Wieder ein paar Tage später erlebte ich eine weitere interessante Begebenheit, die verdeutlicht, wie lernfähig Vögel sind. Gleich neben der Reiherkolonie brüteten Nebelkrähen, die, sobald Menschen unter den Horstbäumen erschienen, Warnrufe von sich gaben. Diese Warnlaute verstanden auch die Reiher, und die ängstlicheren unter ihnen flogen vom Nest und dem Gelege auf. Die weniger scheuen Krähen nutzten die Gunst der Stunde, flogen zu den Nestern und stibitzten die schutzlos daliegenden Eier, um sie zu verzehren. Andere, erfahrenere Graureiher ließen sich diesbezüglich nicht narren. Sie erhoben sich kurz, vergewisserten sich, ob die Gefahr schwerwiegend war oder nicht, und setzten sich bald wieder schützend aufs Gelege, um weiterzubrüten. Solche Brutpaare brachten dann auch erfolgreich Junge hervor. Sie hatten gelernt, dass Menschen unter den Horsten keine Gefahr bedeuteten und Krähen mitunter die größere Gefahr fürs Gelege waren.

Von weitem sehen Kormorane schwarz aus; wenn man allerdings näher herankommt, fällt auf, dass ihr Gefieder eher metallisch glänzt, wie man auch hier eindrucksvoll erkennen kann.

Kraniche bei der Rast – die »Könige der Lüfte« gelten als Frühlingsboten

Auenwald im prachtvollen Herbstkleid

Fliegendes Brandganspaar über der Elbe

9 Wie die Brandgänse an die Elbe zurückkehrten

Es ist eine bekannte Weisheit, dass das Langzeitgedächtnis bei älteren Menschen noch ausgezeichnet ist. Heinrich Dathe, der lange mein Vorgesetzter im Tierpark Berlin gewesen war, hatte immer einen sehr hohen Anspruch an sich selbst und verlangte dies auch von seinen Mitarbeitern. In dieser Hinsicht konnte er sehr streng sein. Das war aber eher eine väterliche Strenge, die ich bei den Ratschlägen für meine wissenschaftlichen Arbeiten gern annahm und ebenso sehr bewunderte. Er hatte ein immens breites Wissen und ein hervorragendes Gedächtnis. Er las eine neue wissenschaftliche Arbeit und war sofort in der Lage, wesentliche Stellen daraus wörtlich zu zitieren. Es hat mir große Freude bereitet, für ihn und mit ihm zu arbeiten. Welche Stärken und welche Schwächen die einzelnen Mitarbeiter hatten, konnte er genau einschätzen. Er wusste er nicht nur, dass ich mich für die Verhaltenswissenschaft interessierte, sondern auch, dass ich mit Tonaufnahmegeräten, Filmkameras und Fotoapparaten umgehen konnte, und so machte er mich 1965, als die Sendung *Tierpark-Teletreff* beim Kinderfernsehen geboren wurde, zum Ansprechpartner für die Filmgruppen, die im Tierpark drehen wollten. Immer und immer wieder betonte Prof. Dathe, alles, auch wenn es »nur« Filmbilder mit dazugehörigen Texten waren, aus zoologischer Sicht fachlich korrekt sein müsse, denn der Tierpark galt (und gilt bis heute noch) als eine ganz wichtige Bildungseinrichtung. Mein Vorteil war, dass man mir vonseiten des Fernsehens bei der Betreuung freie Hand ließ. Da Prof. Dathe wusste, dass ich als Biologe in meiner Freizeit viel in der

Totalreservat an der Elbaue

10 Wie kann man verhindern,

dass sich der Fluss in den Untergrund eingräbt?

Unsere Elbe entwickelt durch ihre fließende Bewegung eine enorme Dynamik. Der Deichbruch 2013 bei Fischbeck war dafür wohl der schlimmste Beweis. Wir, die wir heute an der Elbe leben, haben völlig vergessen, dass dieser Fluss noch vor wenigen Jahrhunderten mehrarmig durch die weite Elbaue geflossen ist. Die erste und segensreichste Maßnahme war vor etwa achthundert Jahren wohl die Errichtung eines Deiches zwischen Rogätz und dem Sandkrug, wodurch die heutige Niederung des Tangerhütter Tangers nicht mehr bei Hochwasser überflutet wurde. Zur damaligen Zeit gab es neben den Flutrinnen der Elbe die sogenannten Treidelstege, auf denen Pferde die damals kleinen Lastkähne flussaufwärts gezogen haben. Manchmal mussten diese schwere Arbeit auch Menschen erledigen. Erst die Dampfschifffahrt änderte dies. Damals begann man auch gezielt damit, Nebenarme vom Hauptarm der Elbe abzutrennen, die Elbe zu begradigen, um sie besser schiffbar zu machen. Die »alte« Elbe bei Jerichow und der Bölsdorfer Haken südlich von Tangermünde sind durch solche Begradigungen vom Hauptarm der Elbe abgetrennt worden. Das Gleiche gilt für die Baggerelbe bei Parey; aber auch der Treuel südlich von Rogätz, der Zuwachs und die Schwiesau bei Magdeburg sind solche alten Elbemäander, und auch nördlich an der Elbe bei Sandau hatte man die »alte« Elbe vom Hauptflussbett abgetrennt. Damit der Fluss bei Hochwasser das Hauptflussbett nicht wieder seitlich verließ, wurden Buhnen in Richtung Strommitte angelegt, die das strömende Wasser immer wieder zur Flussmitte hin zwangen. Trotzdem geschah es bei Hochwasser immer wieder, dass es an solchen Stellen, wo sie einmal seitwärts in einen Seitenarm abgeflossen war, in der Hochwasser führenden Elbe zu Uferabbrüchen kam. Um das zu verhindern, schotterte man an solchen Stellen die Zwischenbuhnenfelder.

Warum die Elbe bei Hochwasser immer wieder versucht, in alte, einst benutzte und noch vorhandene Nebenarme auszubrechen, kann ich mir nicht erklären. Vermutlich verstehen Wasserwirtschaftler dieses Phänomen besser als Biologen. Mir fehlt zu dieser Form der Fließdynamik das nötige Wissen. Ich weiß nur, dass es an solchen Stellen sogar zu Deichbrüchen gekommen ist, wenn man Deiche auf solche seitlich abgehenden Flutrinnen gesetzt hatte. Das geschah beispielsweise 1909 bei Berge an der »Alten Elbe Kannenberg«, wodurch die gesamte Wische bis Seehausen überschwemmt wurde. Die Bruchstelle im Deich erkennt man noch heute, weil man dort nach der Katastrophe den neuen Deich halbmondförmig in der Landschaft errichtete. Solche halbmond- oder sichelförmigen Deiche werden als »Fangdeiche« bezeichnet. Überall in der Elbaue, wo Deiche halbrund geformt sind, kann man davon ausgehen, dass es sich um alte Bruchstellen handelt. Weil zum Beispiel an der Fährstraße bei Grieben der Deich in vergangenen Jahrhunderten mehrfach gebrochen war, hat man den Deich wie eine rund sechshundert Meter lange Sichel errichtet, um der Elbe bei Hochwasser dort den Druck zu nehmen. Durch die Begradigung der Elbe erhöhte sich zwangsläufig auch die Fließgeschwindigkeit. Trotzdem hat sich die Elbe bisher, verglichen mit dem Rhein, nur unwesentlich eingegraben. Darauf hat übrigens bis zur Wende kaum jemand geachtet.

Meine beiden Großväter hatten mir berichtet, dass die Elbe nach einem Hochwasser immer Schicht für Schicht feinen Sand auf die Wiese aufgelagert habe, was den Eindruck erweckte, dass die Elbe sich eingraben würde. Das über einhundert Jahre alte, von Sand völlig zugeschüttete Deckwerk am Elbufer bei Bittkau, übrigens eine ganz alte Anlegestelle für die Elbschifffahrt, beweist allerdings das Gegenteil: Das Eingraben geschieht nur scheinbar, weil die Elbwiesen, das Umland neben dem Flutbett, durch das

Der Biber vermag als einzige Tierart durch Dammbauten eine seenreiche Landschaft zu gestalten, die vielen Tier- und Pflanzenarten neuen Lebensraum bietet.

Aufsanden immer höher werden. Die Folge dieses Aufsandens ist wiederum, dass bei Hochwasser Raum fürs Hochwasser fehlt, also die Deiche immer höher aufgeschüttet werden müssen. Erst jüngst habe ich neuere Ergebnisse von der Bundesanstalt für Gewässerkunde in Koblenz erhalten, die besagen, dass sich die Elbe in letzter Zeit zusätzlich noch erheblich eingräbt. Das haben neuere Messmethoden ergeben. Das hat natürlich Gründe, die darauf zurückzuführen sind, dass – wie bereits erwähnt – Sand als »fließendes Sediment« fehlt, was wiederum daran liegt, dass oberhalb, also in Tschechien, Staustufen den Sandtransport mit dem Wasser unterbunden haben. Wohl aus diesem Grund hat die Bundesanstalt für Gewässerkunde Experimente mit neugefertigten Buhnen begonnen. Die Buhnen wurden in Landnähe eingekerbt oder abgeknickt, wie es fachlich richtig heißt, so dass bei einem mittleren Hochwasser, wenn die Elbe »ufervoll« ist, wie wir Elbanlieger das nennen, die Strömung Sand aus den Zwischenbuhnenfeldern mitnimmt. So soll das Eingraben abgeschwächt werden. Wie wirksam das ist, wird sich noch zeigen.

Auf abgeknickten Buhnen wie diesen habe ich übrigens schon brütende Austernfischer beobachtet, die dort bestimmt erfolgreich Junge aufgezogen haben, weil solche Buhnen bei leichtem Hochwasser Inseln sind. Dort sind diese Brutvögel mit den geschlüpften Jungen vor Raubsäugern weitestgehend sicher. Abgeknickte Buhnen befinden sich unter anderen bei Scharpenlohe, nahe Beuster und Werder.

11 Der Europäische Nerz

und sein amerikanischer Stiefbruder

Wohl kein Tier ist so brutal zum Farmtier disqualifiziert worden wie der Amerikanische Nerz. Das wiederum hat dazu geführt, dass Pelztierfarmen zum Angriffspunkt für radikale Tierschützer wurden. Weil Kleidungsstücke aus Nerzfellen bei den Reichen und Schönen seit jeher als Statussymbol gelten, hat man auch zu DDR-Zeiten damit viel Westgeld verdient. Eine solche Farm befand sich unter anderem bei Appelburg am Plauer See in Mecklenburg. Mit dem Untergang der DDR war auch mit Farmnerzfellen kein Geld mehr zu verdienen, und so wurden nach der Wende massenweise Farmnerze durch selbsternannte radikale Tierschützer, denen jede Fachkompetenz zu zoologischen Zusammenhängen fehlt, »befreit« und in unsere Landschaft entlassen.

Amerikanische wie Europäische Nerze sind Bewohner von Gewässern aller Art und sind selbst an Kanälen und in Feuchträumen zu finden. Tagsüber schlafen sie in einem Bau, zum Beispiel unter Wurzelwerk von Randbäumen an Uferböschungen oder in Baumhöhlen. Auch die einstigen Farmtiere sind schnell verwildert und haben sich in unsere Landschaft eingefügt. Nerze sind Einzelgänger und finden sich nur zur Paarungszeit Ende Februar bis Anfang April zusammen. Durch eine unterschiedlich lange Keimruhe der Embryonen von dreizehn bis fünfzig Tagen variiert die Tragzeit von vierzig bis achtzig Tagen, das Mittel liegt bei fünfzig Tagen. Diese Fähigkeit der Keimruhe von Embryonen ist eine Anpassung an unwirtlich subpolare Gebiete des Vorkommensraumes und gilt übrigens auch für den Polarfuchs.

Wird zunehmend von seinem amerikanischen Artgenossen verdrängt: der Europäische Nerz

Durchschnittlich werden fünf Junge gesetzt, bei denen sich nach fünfundzwanzig bis dreißig Tagen die Augen öffnen. Im Sommer jagen dann die Mutter- und Jungtiere gemeinsam. Männchen sind polygam und beteiligen sich nicht an der Jungenaufzucht. Im Herbst löst sich der Verband auf, und auch die Jungen werden zu Einzelgängern. Tiere in Gefangenschaft werden bis zu zwölf Jahre alt.

Anfänglich war man dem Mink gegenüber, wie der Amerikanische Nerz auch genannt wird, im Freiland recht positiv eingestellt, weil er einen anderen »Neubürger«, die Bisamratte, die große Probleme an Uferböschungen von Flüssen bereitet, besonders aber die Uferbereiche von Kanälen unterminiert, stark dezimierte. Nerze fressen Kleinsäuger, vor allem Wühlmäuse, Vögel und deren Gelege, Frösche, Krebse, Fische und Insekten. Gelegentlich sollen sie Hühnerställe plündern. Ich habe mehrfach beobachtet, wie sie an Elbe, Ohre, Tanger und Aland Wollhandkrabben erbeuteten und fraßen.

Was ihn aber letztlich bei Natur- und Artenschützern unbeliebt gemacht hat, ist die Tatsache, dass sich der Mink auch als Untermieter in Biberburgen einnistet und deren Junge frisst. Der einzige Feind und Gegenspieler, der den Bestand des verwilderten Amerikanischen Nerzes in unserer Landschaft regulieren könnte, ist unser heimischer Fischotter, der allerdings aus anderen Gründen an unseren Gewässern selten geworden ist. Ein anderer, kaum bemerkter zoologischer Schaden ist, dass der Mink unseren Europäischen Nerz ausrottet. Die männlichen Tiere des Europäischen Nerzes sind nämlich dem männlichen Mink unterlegen. Wird ein weiblicher Europäischer Nerz von einem Mink-Männchen gedeckt, so sind deren Nachkommen nicht lebensfähig. Es entstehen also keine Kreuzungstiere, und das Europäische Nerzweibchen wird ein Jahr lang keine Nachkommen produzieren. Unser Europäischer Nerz droht nun auszusterben. Das Verbreitungsgebiet des heimischen Nerzes beschränkt sich in Europa derzeit nur noch auf zwei Verbreitungsinseln, von denen sich eine in Westfrankreich befindet, während die andere im Osten von Ostpolen bis etwa zum 75. Breitengrad östlicher Länge in Russland reicht.

Mit Marderhund und Waschbär sind es inzwischen drei gefräßige fremdländische Neubürger, leichtfertig durch Menschen ausgesetzt, die sich nun in unserer Landschaft sattfressen. Das ist ein schlimmer zusätzlicher Aderlass für unsere heimischen Tiere und für unsere Natur, dessen Ende bis heute nicht vorhersagbar ist. Boden- und Schilfbrüter, alle boden- und baumbewohnenden Kleinsäuger und vor allem das Niederwild leiden schon jetzt unter dem Druck dieser neuen Fressfeinde überall an der Elbe.

12 Der Waschbär – ein Allesfresser auf vier Pfoten

Der aufgrund seines putzigen Aussehens vor allem bei Kindern beliebte Waschbär wurde in Europa an einigen Stellen bewusst eingebürgert. Zudem wurde er aufgrund seines Fells in Pelztierfarmen gezüchtet, aus denen er immer wieder ausbrach. Konkret weiß ich von einer Pelztierfarm bei Strausberg östlich von Berlin, aus der in den Kriegswirren 1945 eine Vielzahl von Tieren entwichen ist. Die Waschbären vermehrten sich rasant und ihre Population wuchs stetig an. Die Landbevölkerung nahm von dieser Entwicklung jedoch erst Notiz, als die Zahl an Überfällen in den Geflügelställen zunahm.

Die ursprüngliche Heimat der Waschbären ist Nordamerika, vom südlichen Kanada bis Mittelamerika. Sie zählen stammesgeschichtlich zu den Kleinbären wie Katzenfrett, Katzenbär und Panda. Waschbären schwimmen und klettern gut. Als Allesfresser verzehren sie Früchte, Beeren, weiche Gräser, auch Nüsse, Nagetiere, Vögel und deren Gelege, Reptilien, Amphibien und Insekten. Bekannt ist, dass sie in der Uferregion von Gewässern nach Nahrung suchen. Dabei durchwühlen sie mit den Vorderpfoten den Untergrund nach Fressbarem. Haben sie etwas gefunden, säubern sie es im Wasser, was auch der Grund dafür ist, dass man sie Waschbär nennt. Besonders gern fressen sie Krebse. Ich konnte am Flüsschen Aland, nördlich von Seehausen, beobachten, wie ein Tier im flachen Wasser eine Wollhandkrabbe erbeutete und sie danach genüsslich verspeiste. An einer anderen Stelle hatten Waschbären einen Obstbaum mit reifen Früchten geplündert.

Wildbirne

Durch ihre Geschicklichkeit vermögen sie auch, Mülltonnen zu öffnen und nach Fressbarem zu durchstöbern. Vermutlich angelockt durch Kot von Jungvögeln unter Greifvogelhorsten, klettern sie geschickt auf Bäume und fressen dann die wehrlosen Jungen. Solche Verluste sind auch von den seltenen Schwarzstörchen bekannt geworden. Kratzspuren am Stamm verraten den Verursacher.

Waschbären sind Einzelgänger. Sie bilden Reviere mit einem Durchmesser von rund 1,5 Kilometer. Bei Revierüberschneidungen geht es friedlich zu. Es kommt selten zu Beißereien. Männchen und Weibchen finden sich nur zur Paarungszeit (Februar bis März) zusammen. Nach dreiundsechzig bis fünfundsechzig Tagen werden zwei bis sechs (selten mehr) blinde Junge geboren, die von der Mutter allein aufgezogen werden. Nach drei Wochen öffnen sich die Augen. Mit sechzehn Wochen sind sie selbständig, bleiben aber meist über den Winter bei der Mutter und trennen sich erst dann. Solche Familientrupps können auch in landwirtschaftlichen Kulturen Schaden anrichten, wenn sie sich zum Beispiel längere Zeit in einem Maisfeld aufhalten. Weibliche Tiere werden mit einem Jahr, Männchen mit zwei Jahren fortpflanzungsfähig. In Gefangenschaft ist ein Tier zweiundzwanzig Jahre alt geworden. Waschbären haben sich glänzend an die Kulturlandschaft angepasst. Sie werden schnell futterzahm und haben dann keine Scheu vor Menschen. Ihre possierliche Art, auf den Hinterkeulen sitzend Futter mit den Vorderpfoten abzunehmen, zu reiben und erst dann zu verspeisen, macht sie menschenähnlich. In Wirklichkeit wollen sie Futter reinigen, »waschen«, ehe sie es verspeisen. Auch sind

Waschbären gut an die kalte Jahreszeit angepasst. Wird das Wetter frostig und unwirtlich, vermögen sie nach Bärenart eine Winterruhe zu halten. Ruheplätze befinden sich in hohlen Bäumen, auf Dachböden, in Feldscheunen und an anderen wenig zugänglichen Plätzen. Weil sie dämmerungs- und nachtaktiv sind, werden Waschbären nur selten beobachtet. Bei nächtlichen Fahrten mit dem Auto hat man sie gelegentlich im Scheinwerferlicht. Besonders markant für die Art sind der schwarzweißgeringelte Schwanz und die markante Gesichtsmaske. Viele werden zu Verkehrsopfern, da sie sich recht langsam bewegen.

Drollig, aber nicht überall beliebt: Waschbär beim Ausrauben von Vogelnestern

13 Das Elbehochwasser 2002

Bewohnern des elbnahen Raumes wird das Hochwasser von 2002 lange in Erinnerung bleiben. Auch mussten die Anlieger lernen, dass ein Sommerhochwasser zur Vegetationszeit zusätzliche Probleme bringt, vor allem wenn es sehr warm ist, so, wie es beispielsweise im August 2002 der Fall war. Außerdem war man in Sorge, dass durch die Überflutungen Fäkalien und Gifte ins Wasser gelangt waren. Diese Sorge war aber fast unbegründet.

Die Tangerniederung ist heute noch als eine bedeutende Retentionsfläche bei hohem Elbehochwasser erhalten geblieben, um die Hochwasserwelle zu brechen. Diese Form des Hochwasserschutzes geht auf unsere Altvorderen zurück. Sie hatten die Erfahrung gemacht, dass man Hochwasser, wenn man es breitlaufen ließ, seine Gefährlichkeit nehmen konnte. Wo wird das im Hochwasserschutz heute noch berücksichtigt? Wenn Hochwasser allerdings nur aufläuft, so wie in der Tangerniederung, und kaum fließt, kommt es bei einem Sommerhochwasser automatisch zu neuen Problemen, etwa zu Geruchsbelästigung.

Im August 2002 war das Gras auf den Elb- und Tangerwiesen an vielen Stellen nicht gemäht, Getreide- und Maisfelder waren nicht abgeerntet. Diese Flächen wurden dann überflutet. Früher war die Tangerniederung Überflutungsgrünland, das kaum gedüngt wurde, heute hingegen besteht sie größtenteils aus Ackerland. Auf Ackerland kommt zumeist Stickstoffdüngemittel zum Einsatz. In der Tangerniederung wird hauptsächlich Mais angebaut, eine sehr düngeintensive Kulturpflanze. Häufig kommt es zur Überdüngung. Selbst auf den Dauergrünlandflächen im Überflutungsbereich darf Gülle ausgebracht werden. Ist Hochwasser zu erwarten, ist es verboten. Aber wer kontrolliert das schon? Weil sie es als Viehfutter nutzen, brauchen Landwirte möglichst viel Grünmasse, und aus diesem Grund muss viel gedüngt werden. Das kann dazu führen, dass überflüssiges Düngemittel ins Grundwasser gelangt und so Trinkwasser verunreinigt wird.

Was aber geschah 2002 in der ackerbaulich genutzten Tangerniederung? Alle in der Tangerniederung (bis Weißewarte und Hüselitz) nicht verbrauchten Düngemittel, die noch im Boden löslich lagerten, wurden in der Folge durch das Überflutungshochwasser ausgewaschen. Werden solche Stickstoffverbindungen ins Oberflächenwasser ausgewaschen, hat das auch sauerstoffzehrende Wirkung. Die Folge ist großes Fischsterben, so geschehen im Kiesloch bei Tangermünde. Wegen des Sauerstoffmangels stirbt zugleich die gesamte Mikrolebewelt des Bodens. Es stinkt faulig. Selbst die überflu-

In Bölsdorf muss die Deichscharte zur Tangerniederung mit Bohlenwänden geschlossen werden.

Blick vom Naturbeobachtungsturm auf den überfluteten Bölsdorfer Haken

teten Chausseebäume, die die Straße von Bölsdorf nach Tangermünde säumen, sind inzwischen wegen des damaligen Sauerstoffmangels abgestorben und trocken geworden. Weil man zu DDR-Zeiten zusätzliches Ackerland brauchte, hat man vor mehreren Jahrzehnten den Sommerdeich im Tangermündungsbereich zwischen Tangermünde und dem Bölsdorfer Haken erhöht. Das Dauergrünland wurde einfach umgepflügt. Es wurde zu Ackerland umgewidmet. So wurde aus nährstoffarmem Überflutungsgrünland intensiv bewirtschaftetes Ackerland.

Solche Eingriffe gehen nur so lange gut, wie es zu keinem Sommerhochwasser kommt. Winterhochwasser schadet übrigens dem Boden weniger, weil in dieser Phase des Jahres die Vegetation ruht. Und so kam es im Sommer 2002, wie es eben kommen musste: Die Kulturpflanzen waren kräftig herangewachsen und ebenso kräftig gedüngt worden. Es stank nach dem Abfließen des Wassers erbärmlich. Die ganze Landschaft roch unappetitlich.

Erst auf diese Weise zeigte sich, was für einen Schaden der Boden durch die intensive landwirtschaftliche Kultur genommen hatte. Aber hat man daraus etwas gelernt? – Nein, die Überdüngung geht bis heute weiter.

Das Hochwasser von 2002 hatte aber auch reinigende Wirkung. Dort, wo das Wasser richtig floss und der Boden des Dauergrünlandes noch einigermaßen intakt war, wurden alle überflüssigen Nährstoffe und Düngemittel ausgewaschen. Kulturgräser, wie das in den Grünlandboden »eingeritzte« Weidel- und Knäulgras, überstanden die lange Überflutung nicht. Dafür traten nach dem Hochwasser aber wieder jene bodenständigen Arten von Elbewiesengräsern hervor, die an Überflutungen angepasst sind. Sie »nähten« sich – so bezeichnet man diesen Prozess – durch die abgestorbene Grasschicht durch und machten die ganze Elbwiese schnell wieder grün. Die Brennnesselflure – ihres Zeichens Stickstoffanzeiger – verschwanden, und somit war der Stickstoff ausgewaschen worden. Im Jahr darauf gab es plötzlich wieder bunte Blumenwiesen, und ebenso plötzlich kamen wieder typische Pflanzen der Elbaue zutage. Im Frühjahr 2003 gab es an einigen Stellen sogar wieder Frühlingsprimeln *(Primula veris)*, die ich dort bestimmt dreißig Jahre nicht mehr gesehen hatte. Besonders erfreut war ich aber darüber, dass die Wiesenschwertlilie *(Iris sibirica)*, eine besonders seltene Pflanze im Elbraum, wieder großflächig blühte und das Grünland an einigen wenigen Stellen von weitem bläulich schimmern ließ. Noch größer war meine Freude, als ich diese Wieseniris auch an ganz anderen Stellen der Elbaue blühen sah, so zum Beispiel auf den Elbwiesen bei Wahrenberg.

Bei Hochwasser stehen in Tangermünde die Stadtmauer und das elbseitige Eingangstor, die Rossfurt, im Wasser.

14 Des Biologen Freud ist des Landwirts Leid

Als geländegängiger Wanderer durch die Elbelandschaften habe ich mir manchen Hacken meines Schuhwerks rundgelaufen, und als ebenso wacher Naturbeobachter an der Elbe merke ich manche Veränderung, die leider selten positiv ist. Wenn ich bei meinen Wanderungen auf Gleichgesinnte treffe, werde ich oftmals erstaunt gefragt: »Sie hier, in dieser Einöde, wo nur Natur ist und sonst weiter nichts?« Daraus entspinnt sich meist ein interessantes Gespräch über Tiere, Pflanzen und Menschen. Solche Gespräche mit Naturinteressierten bestätigen in mir die Hoffnung, dass meine Bemühungen um Natur und Landschaft nicht umsonst sind.

Dass die Bewohner in den Dörfern der Flussniederung der Elbe auch Widrigkeiten der Natur ertragen müssen, hat 2013 der Deichbruch bei Fischbeck gezeigt. Zahlreiche Schaulustige fielen über die Dörfer her, sogenannte Katastrophentouristen, für die mir jedes Verständnis fehlt. Schwer ist es auch, gegenüber den Betroffenen die richtigen, Trost spendenden Worte zu finden. Ich erinnere mich noch sehr lebhaft daran, wie ich mit Gernot Quaschny vor seinem im Wasser stehenden Haus an der Straße vor Hohengöhren stand, ihm dann zum Trost mein kleines Altmark-Buch schenkte, und er wiederum antwortete: »Nun habe ich wenigstens wieder *ein* Buch, die anderen schwimmen nämlich da alle im Haus!« Was antwortet man auf einen solchen Satz? Ich wenigstens war tiefbewegt und sprachlos.

Die Elbeanrainer sind regelmäßiges, normales Hochwasser der Elbe gewöhnt. Dafür gibt es zum Schutz der Siedlungen und Dörfer die Deiche.

Der Boden dieser Überflutungsflächen ist an Hochwasser angepasst. Wenn es sich um Grünland handelt, wachsen auf den überfluteten Grünlandflächen dikotyle Pflanzen und an Hochwasser angepasste Gräser hoch. Am meisten beeindruckte mich, dass im Sommer nach dem Extremhochwasser 2002 plötzlich auf dem Grünland der Bucher Brack in großer Zahl die seltene Wieseniris blühte. Von der *Iris sibirica* ist bekannt, dass sie Hochwasser verträgt. Zeitgleich waren die von Landwirten »eingeritzten« Kulturgrassorten, wie beispielsweise das Weidelgras, verschwunden. Daraus lässt sich schließen, dass sie an starke Überflutungen nur wenig angepasst sind. Was mich aber immer wieder staunen lässt, ist, dass die Bodengare des Grünlandes, also die Mikrolebewelt im Boden, an den Folgen eines solchen Hochwassers keinen Schaden nimmt.

Als ich mir jedoch im Sommer nach dem Deichbruch die Überflutungsflächen im Trüben, östlich von Schönhausen, und anschließend weiter

Deichriss neben der Deichbruchstelle von Fischbeck. Hier ist der völlig durchnässte alte »Holländerdeich« ins Rutschen geraten und gebrochen.

nördlich davon die Ackerflächen ansah, war ich sehr bestürzt: Überall im Spülsaum der noch stehenden Wasserflächen, aber auch am Wegesrand, auf dem ich trockenen Fußes wandern konnte, lagen im Wasser Myriaden von toten Regenwürmern. Mancher Angler hätte sich solche Exemplare gern lebend auf den Angelhaken gezogen, sie waren teils riesig. Dazu kam der bestialische Gestank. Die im Boden ebenfalls häufig anzutreffenden Springschwänze *(Colembolen)* habe ich im Spülsaum nicht vorgefunden. Ich gehe davon aus, dass sie wohl unter der nassen Erdoberfläche verwest sind. Des Weiteren schwammen überall tote Feldmäuse und Fische. Sehr große Fische lagen auf dem trockenen Ackerland, die teilweise von Krähen und Seeadlern gefressen wurden oder aber verwesten. Es war ein schrecklicher Anblick, der im krassen Gegensatz zum Überflutungsgrünland der Elbaue stand. Als ich im Frühherbst erneut das Gebiet aufsuchte, sah alles, zumindest oberflächlich betrachtet, wieder ganz naturnah aus. Aber schaute man genauer hin, erkannte man, dass der Boden völlig verschlickt war, also irgendetwas mit der

Der durch den Deichbruch bei Fischbeck überflutete Trüben östlich von Schönhausen

Bodengare nicht stimmte. Wieder zwei Monate später musste ich feststellen, dass sich der Zustand der Bodengare noch immer nicht verbessert hatte. Mit fiel außerdem auf, dass nach wie vor kaum Vögel in der Landschaft auszumachen waren. Bestimmte Vogelarten sind gute »Bioindikatoren«, die dem Freilandbiologen Auskunft über die Qualität einer Landschaft geben. Aber kein Bussard, kein Milan weit und breit. Ich fuhr durch den Trüben wie durch eine tierentvölkerte Landschaft. Mein Vogelfreund Herbert Müller aus Schönhausen stellte Ähnliches bei seinen Exkursionen fest und bestätigte mir meine Beobachtungen. Aus landwirtschaftlicher Sicht hatte der Jurist und Landwirt Dr. von Katte in der Presse den Zustand des Ackerbodens im ehemaligen Überflutungsraum bewertet und auf die immer noch hochgradige schlickige Vernässung hingewiesen. Auch er bestätigte die prekäre Situation, in der sich der Ackerboden befand. In einem seiner Artikel heißt es dazu: »Nur wir in der Region wissen, dass das Grundwasser (noch immer) bis zur Grasspitze steht, nicht abfließt, große Flächen geflutet und vernässt sind und von oben ständig noch wieder neuer Regen auf das Land herunterfällt.« Auch er beschreibt also die fehlende Bodengare, das fehlende Leben im Ackerboden. Er verweist außerdem auf umgekommenes und nun fehlendes Wild wie Rehe und Hasen. Ein Sommerhochwasser durch einen Deichbruch auf diesem Ackerboden genügt, und die Kleinlebewelt, bis zum Regenwurm darin, ist tot. Die Auswirkungen sind gravierend, denn schließlich ist es die einst vorhandene Kleinlebewelt, die für die natürliche Bodengare sorgte.

Den Landwirten ist zu wünschen, dass der Ackerboden möglichst schnell wieder seine natürliche Bodengare erreichen wird. Die Bauern, die diesen Boden zum Frühjahr hin unter den Pflug nehmen müssen, haben mein Mitgefühl. Hoffentlich gibt es auf diesem geschundenen Ackerland keine Ernteeinbußen. Als wissenschaftlich interessierter Freilandzoologe warte ich nun darauf, wie viel Zeit vergeht, bis sich dieser tierentvölkerte Raum wieder mit Leben füllt, einen Vorgang, den man in der Ökologie als »natürliche Arealauffüllung« bezeichnet.

Ein in Verlandung begriffenes Altwasser, das von der Gelben Mummel, einem Seerosengewächs, bedeckt ist.

Rammler unmittelbar neben dem Versteck

15 Einem Hasen streut man kein Salz auf seinen Schwanz

Als ich anfing, mich mit den Tieren und Pflanzen unserer Heimat zu befassen, wollte ich auch immer alles fotografisch festhalten. Nach Kriegsende gab es kaum gute Fotoapparate, die sich für die Naturfotografie eigneten, oder sie waren so teuer, dass ich sie mir als Heranwachsender nicht leisten konnte. Als Student konnte ich eine gebrauchte Practina, eine 24-×-36-mm-Spiegelreflexkamera, sehr günstig erwerben, für die ich später noch das 500-Millimeter-Fernobjektiv von Carl Zeiss Jena ergattern konnte. Fortan glaubte ich, wie ein Helmut Drechsler, der damals berühmteste Tierfotograf, Tierfotos schießen zu können. Nachdem ich die ersten Exemplare entwickelt hatte, musste ich allerdings einsehen, dass die richtige Bearbeitung von Fotomaterial ebenso wichtig war.

Unsere Generation zeichnete sich durch Beharrlichkeit aus, was sicherlich auch mit daran gelegen haben mag, dass wir noch nicht durch Fernsehen und Computer abgelenkt wurden. Weil das Geld knapp war, musste immer alles billig, aber praktisch sein und sich auf dem Fahrrad leicht transportieren lassen. Wenn ich Tiere aus dem Versteck fotografieren wollte, durften meine Fotoansitze möglichst nichts kosten, denn das meiste Geld steckte ich immer noch in vernünftiges Fotomaterial. Meine ersten Ansitze bestanden aus Pappe, meistens waren es ganz große Kartons, die ich möglichst in der Nähe von Nestern platzierte. Ich verankerte sie auf Wiesen oder Äckern in der Elbaue und erklärte den Landwirten mein Vorhaben, damit sie das störende, grüngetünchte Ungetüm nicht wegräumten. Was war ich begeistert, als ich

Wildobstbaum in Ufernähe

das erste Mal aus diesem Karton heraus brütende Vögel beobachtete, denn die Tiere ließen sich davon nicht stören. Zu meinem Versteck ließ ich mich immer bringen. was damit zu tun hatte, dass Tiere zwei Personen oftmals als Störung empfinden, geht die zweite Person aber wieder fort, ist für die Tiere die Luft wieder rein, die Störung beendet. Zusätzlich hatte ich an die Stelle in der Kartonwand, an der das Objektiv des Fotoapparates herausschauen sollte, eine leere Flasche gesteckt. Wollte man Fotos machen, musste man also die Flasche, die Objektivattrappe, gegen den Fotoapparat austauschen. Einmal hatte ich einen besonders ängstlichen Kiebitz vor der Linse, für den ich die Flasche außen mit schwarzem Lassoband bekleben musste, damit nur der helle Flaschenboden zu sehen war. Erst als die Flasche schwarz war, hat er auf dem Nest weitergebrütet.

Auch an eine andere Begebenheit denke ich gern zurück: Als sich mein Begleiter und ich dem Versteck näherten, saß unmittelbar neben einem Kiebitznest ein Hase in der Sasse. Aber er ließ sich von unserem Kommen nicht weiter stören. Mein Begleiter verschwand wieder, und nun begann für mich das Warten. Es dauerte gar nicht lange, und das Kiebitzweibchen kehrte zurück und brütete weiter. Es war sonnig heiß, und mir lief in meinem Versteck, in dem es inzwischen so heiß war wie in einer Sauna, der Schweiß übers Gesicht. Allenthalben stand das Kiebitzweibchen auf und wendete die Eier, denn auch ihm war sehr warm. Dann folgte eine Brutablösung durch das Männchen. Auch der Hase erhob sich plötzlich und fing an, sich zu putzen. Weil es in meinem Versteck immer heißer wurde, hatte ich den Pappkarton etwa zehn Zentimeter angehoben, damit etwas Luft durchziehen konnte. Plötzlich war der Hase weg. Neugierig schaute ich durch die vier knopflochgroßen Löcher in der Seitenwand, konnte ihn aber nirgends finden. Er blieb verschwunden. Während ich noch überlegte, wo er abgeblieben sein könnte, erschien plötzlich im Fußbereich meines Verstecks ein kleiner Schatten: Und siehe da, auch dem Hasen war warm geworden, und nun kratzte er sich eine kleine Sasse unmittelbar neben mir und legte sich wieder hin. Ich traute mich kaum zu atmen, wollte ich den Hasen doch nicht erschrecken. So war ich froh, dass ich die Kiebitzfotos bald im Kasten hatte.

Als meine Ablösung kam, um mich abzuholen, und durch sein Fernglas den Hasen neben mir bemerkte, wollte er meine Schilderungen kaum glauben. »Warum hast du ihm nicht Salz auf den Schwanz gestreut?«, war seine humorige Bemerkung. Salz hatte ich nicht dabei, und selbst wenn, ich hätte es dem Hasen bestimmt nicht auf den Schwanz gestreut, allein aus Ehrfurcht vor diesem vertraut wirkenden Wildtier.

Eine Waldohreule – das offizielle Symbol des deutschen Naturschutzes

Heckrinder werden im Naturschutzgebiet für die Landschaftspflege eingesetzt.

Rothirsch während der Brunftzeit

16 Kleines Einmaleins der Verhaltenswissenschaft

Wir Menschen verständigen uns durch Sprache, Tiere über Gesten und Laute. Solche Gesten und Laute richtig zu deuten, ist die Aufgabe von Verhaltensbiologen und Bioakustikern. Jeder, der mit Haus- oder Wildtieren umgeht, muss die Gesten und Laute richtig verstehen und deuten können. Für Zoologen, Tierpfleger oder Dompteure, aber auch für jeden Landwirt, der mit gefährlichen Haus- und Wildtieren umgehen muss, kann dieses Verständnis überlebenswichtig sein. Eine Fehldeutung des Verhaltens kann zu schlimmen, ja lebensbedrohlichen Situationen führen.

Ich hatte das große Glück, mich nach meinem Studienabschluss einige Jahre bei dem profilierten Verhaltenswissenschaftler Prof. Dr. Günter Tembrock am Zoologischen Institut der Humboldt-Universität zu Berlin in Tierethologie und Bioakustik weiterbilden zu dürfen. Daher verfüge ich über ein gutes Grundwissen, wenn es darum geht, das Verhalten von Haus- und Wildtieren richtig zu deuten und zu verstehen. Im Tierpark Berlin konnte ich mein Wissen an die Tierpflegerlehrlinge weitergeben, denn gerade bei Fehlverhalten im Gehege kann es durch aggressive Wildtiere zu schlimmen, lebensbedrohlichen Angriffen kommen.

Am wichtigsten im Umgang mit Tieren ist, dass man den Unterschied zwischen Fluchtdistanz und kritischer Distanz kennt. Diese Distanzen sind von Tierart zu Tierart, aber auch von Individuum zu Individuum verschieden. Die Fluchtdistanz ist die Entfernung zwischen Mensch (oder Fressfeind) und Tier, bei der das Tier flüchtet. Unterschreitet der Mensch dagegen den Abstand und geht auf kritische Distanz, so versucht das Tier entweder panisch zu flüchten oder es greift mörderisch an. In einer tiergärtnerischen Einrichtung müssen Zootierpfleger beim Umgang mit neuen Pfleglingen diese Distanzen austesten. Um sicherzugehen, muss man das Tier beim Säubern des Geheges in einen separaten Bereich sperren. Diese Form der Handhabung nennt man »indirekter Umgang«, eine Maßnahme, die übrigens auch im Umgang mit gefährlichen Haustieren gilt. Um den kritischen Abstand auszuloten, verwenden Dompteure übrigens beim direkten, also ungeschützten Umgang mit gefährlichen Raubtieren in der Manege eine Peitsche oder einen Stock. Das funktioniert allerdings nicht mit Menschenaffen, die sind dafür zu intelligent.

Für Jäger auf der Pirsch sind diese unterschiedlichen, mitunter heiklen Abstände zum Wild ebenfalls entscheidend: Sobald man die Fluchtdistanz unterschreitet, rennt das Tier weg. Eine Erfahrung, die einem nicht fremd sein dürfte, wenn man sich ab und zu in der Natur aufhält und Tiere beob-

Wildschweinrotte bei der Futtersuche

achtet. Hat aber der Jäger ein Stück Schwarzwild angeschossen, den Schuss jedoch zu hoch gesetzt, so dass zum Beispiel die Wirbelsäule getroffen wurde und das Stück Wild auf der Hinterhand gelähmt ist, kann es für den Schützen gefährlich werden. Nähert sich der Jäger dem Tier und unterschreitet dabei die kritische Distanz, um einen Fangschuss anzusetzen, reagiert das Tier, da es nicht flüchten kann, in Todesangst panisch und kann angreifen. In schlimmen Fällen zieht der Jäger den Kürzeren, weil er nicht schnell genug den Fangschuss hat setzen können. Von solchen Unfällen bei der Jagdausübung erfahren wir zumeist aus der Zeitung.

Jüngst stieß ich auf einen Bericht, in dem besorgte Bürger ihre Angst vor aus dem Osten eingewanderten Wölfen äußerten, die ihre Kinder anfallen könnten. Zweimal habe ich in den letzten zehn Jahren in der Altmark nun schon Wölfe gesehen, woraus man allerdings nicht schließen kann, dass ihre Zahl stark zugenommen hätte. Bei mir, der sehr häufig im Freiland unterwegs ist, ist einfach die Wahrscheinlichkeit größer, dass ich einem Wildtier begegne. Weiter habe ich natürlich bei meinen Freilandarbeiten auch immer ein waches Auge für meine Umgebung. Ein gutes Fernglas ist dafür die beste Voraussetzung. Die beobachteten Wölfe habe ich so immer auf ganz große Distanz gesehen, von Fluchtdistanz konnte also keine Rede sein.

Die Angst der Menschen vor Wölfen geht übrigens auf das Mittelalter zurück, eine Epoche, in der die Tollwut grassierte. Es ist bekannt, dass tollwütige Wölfe in ihrem Krankheitswahn tatsächlich Menschen anfallen. In Mitteleuropa ist aber dank großflächiger Immunisierungsmaßnahmen mit solchen Angriffen tollwütiger Tiere nicht mehr zu rechnen. In Osteuropa kann der Wolf jedoch noch heute Überträger dieser schlimmen Krankheit sein, wie ich von russischen Zoologen erfahren habe.

Ende der siebziger Jahre hatte ich im Tierpark Berlin das einmalige Glück, den bekannten russischen Polarforscher Sawwa Uspenski kennenzulernen. Zu jener Zeit war ich gerade mit dem Beobachten von Bärengeburten mittels Infrarottechnik befasst, und meine Untersuchungen interessierten auch den Eisbärenspezialisten. Während unserer mehrstündigen Unterhaltung kamen wir auch auf Wölfe zu sprechen, was vor allem damit zusammenhing, dass kurz zuvor ein Wolf bei Jüterbog geschossen worden war. Dass Wölfe sogar westlich bis in die DDR eingewandert waren, darüber war Uspenski sehr erstaunt. Er berichtete mir, dass in der Sowjetunion Wölfe rigoros bekämpft würden, es aber auch noch üblich sei, dass Dorfbewohner manchmal Altwölfe abschössen, die wehrlosen Jungen aus der Höhle herausholten und sie dann in menschlicher Obhut aufziehen und zähmen würden. Über diese Form der Wolfshaltung zeigte er sich besorgt. Wenn ich seine russischen Erklärungen damals richtig verstanden habe, sagte er, dass es bisher keine Übergriffe von Wölfen auf Menschen gegeben habe, er sich jedoch vorstellen könne, dass von Menschen aufgezogene Wölfe oder deren Nachzuchten, wenn sie dann »verwildern«, dem Menschen theoretisch gefährlich werden könnten. Häufig kommen auch Rehkitze, weil man glaubt, sie seien von der Mutter verlassen worden, in menschliche Obhut und werden mit der Flasche großgezogen. Dadurch werden sie sehr zahm und folgen dem Menschen überallhin. Wehe aber, ein solches Rehkitz ist männlich und bekommt ein Gehörn: Weil solche zahmen und auf den Menschen geprägten Tiere keine Angst vor Menschen haben, sie als artgleiche Kumpane betrachten und somit nicht vor ihnen weglaufen, können sie zur Brunft- oder Blattzeit gefährlich angreifen. Sie betrachten den Menschen dann als Nebenbuhler und »forkeln« ihn. Von solchen Unfällen liest man in der Presse immer wieder, aber von Übergriffen fehlgeprägter Wölfe in der freien Natur ist mir bislang nichts bekannt.

17 Prägung und Fehlprägung –

Probleme bei der Arterhaltung

Am Gesichtsausdruck kann man als geübter Beobachter viel über den Gemütszustand eines Menschen erfahren. Bei Tieren ist das nicht anders. Wer gelernt hat, die Ausdrucksgesten von Tieren richtig zu deuten, versteht und begreift auch ihr Verhalten und kann erkennen, wie sie sich untereinander verständigen. Deutet man nur eine Kleinigkeit ihres Verhaltens falsch, kann es zu Komplikationen kommen. Beim direkten Umgang mit Haustieren merken wir das sofort. Droht ein Tier, und wir beachten seine Geste nicht, kann es zu einem Angriff kommen. Gleiches gilt auch für Wildtiere untereinander, nur mit dem Unterschied, dass Wildtiere viel feinsinniger sind. Das macht das Beobachten ihres Verhaltens bis heute so spannend für mich, wobei mich das Phänomen der Prägung beim Heranwachsen von Jungtieren immer noch am meisten fasziniert.

Mit diesem Phänomen war ich auf dem Schelldorfer See, einem alten Elbarm südlich von Tangermünde, fast jährlich konfrontiert, wenn ich zufällig frischgeschlüpfte Enten, Graugänse oder Blässhühner im Nest kontrollierte. Die Küken dieser Nestflüchter werden nämlich auf die Mutter geprägt, und das geschieht in den ersten zwölf bis maximal sechsunddreißig Stunden und ist dann unumkehrbar. Wenn die Prägungsphase abgeschlossen ist, folgen die Jungen beim Flüchten nur ihrer Mutter, und später, als Erwachsene, paaren sie sich nur mit Individuen der gleichen Art. Die Prägung ist also ganz wichtig, damit es nicht zu Artbastarden, also Kreuzungsnachkommen unterschiedlicher Arten, kommt. Solche Kreuzungen kommen übrigens nur dann vor, wenn sogenannte »verlegte Eier« ausgebrütet werden. Auf dem Schelldorfer See habe ich einmal beobachtet, dass eine Reiherente, die dicht neben dem Nest einer Tafelente brütete, ein Ei ins Nest der Tafelente gelegt hatte, aus welchem Grund auch immer. Weil die Eier unterschiedlich sind, habe ich das verlegte Reiherentenei wieder zurück ins Reiherentennest gelegt, und so habe ich in diesem Fall durch mein Eingreifen wieder für Ordnung sorgen können. Wenn ich im Freiland die riesigen Winteransammlungen von Wasservögeln beobachte, erlebe ich manchmal, wenn auch selten, dass zum Beispiel eine einzelne Kanadagans mit einer Graugans verpaart ist. Diesbezüglich lässt sich nur Folgendes vermuten: In diesem Fall muss wohl eine Kanadagans ihr Ei in das Nest einer Graugans verlegt haben, wodurch es nach dem Schlüpfen zur Fehlprägung des Kanadaganskükens auf die Graugans und somit später im fortpflanzungsfähigen Alter zu dieser merkwürdigen Verpaarung mit einer Graugans kam.

Entsprechendes gilt auch für Laufsäuglinge bei Säugetieren, wie zum Beispiel unsere heimischen Wildschweine, aber auch für viele Hirsche und Antilopen. Bei Nesthockern und Nestsäuglingen erfolgt die Prägung erst später während des Heranwachsens im Brut- oder Aufzuchtnest, wenn die Sinnesorgane funktionstüchtig werden, also wenn sich die Augen öffnen. Ist ein handaufgezogenes und auf Menschen fehlgeprägtes Wildtier dann erwachsen geworden, kann es zu schlimmen Komplikationen kommen. So kann zum Beispiel aus einem einst süßen, von Menschen mit der Flasche großgezogenen »Bambi« ein aggressiver Rehbock werden. Diese handzahmen Tiere haben keine Angst vor Menschen, betrachten sie nun, erwachsen geworden, als Nebenbuhler, die man bekämpfen muss. Fluchtverhalten und die Feindvermeidung, sonst überlebenswichtig für Wildtiere, fehlen diesen von Menschenhand aufgezogenen Tieren. Ich erinnere mich noch, wie nach dem Krieg im gegatterten Wald der Familie von Itzenplitz ein zahmer Rothirsch lebte, der ständig Waldarbeiter belästigte. Statt eines Rucksacks hatten zu jener Zeit die »Pflanzfrauen« auf dem Weg in den Wald einen tragbaren Korb, eine Kiepe, auf dem Rücken, aus dem sie das Hirschkalb als Jungtier immer gefüttert hatten. Erwachsen geworden, stieg der Hirsch, wenn die Frauen heimgingen, mit den Vorderläufen in die Kiepe und suchte

Ein typischer Bewohner der Elbe: die Reiherente

darin Futter. Zur Brunftzeit wurde er aggressiv und musste abgeschossen werden, weil es mit ihm zu gefährlich wurde.

Wie ich vor Jahren von Prof. Dr. Sawwa Uspenski, dem namhaften Eisbären- und Wolfsforscher, erfuhr, ist es in Russland in manchen Gegenden bis heute üblich, im Frühjahr Altwölfe abzuschießen und Jungwölfe dann auf Menschen geprägt großzuziehen. Verwildern solche Tiere wieder, kann es natürlich ebenfalls zu Übergriffen auf Menschen kommen. »Solche Tiere sollte man lieber gleich durch eine bleihaltige Kugel von ihrer Fehlprägung erlösen«, erklärte mir damals Uspenski. Derartige Übergriffe auf Menschen sind allerdings sehr selten. Unsere jetzt aus dem Osten eingewanderten Wölfe sind echte Wildtiere, die nur die bleihaltigen Kugeln der Jäger fürchten müssen.

Blässralle mit Jungen

Graugänse im Freiland so nahe zu beobachten, ist sehr schwierig. Aufgrund ihrer Vorsicht spricht der Volksmund auch gern davon, dass Gänse auf jeder Feder ein Auge haben.

Morgenstimmung an der Elbe

18 Die Körpersprache der Tiere

Es ist eine gängige Überheblichkeit des Menschen, sich als Krone der Schöpfung darzustellen. In Wirklichkeit können jedoch Tiere Sinnesleistungen vollbringen, die wir uns a) nicht erklären und b) nur staunend zur Kenntnis nehmen können. Wir Menschen unterscheiden uns von Tieren durch unsere Großhirnleistungen, durch unser logisches Denken. Tiere hingegen haben ein ausgezeichnetes Sensorium, also Sinnesorgane, deren Fähigkeiten wir nur ansatzweise begreifen können. Noch vor fünfzig Jahren haben wir große Schwierigkeiten gehabt, das Verhalten der Tiere objektiv zu beschreiben, richtig zu werten und adäquat einzuschätzen. Es ist das Verdienst von Konrad Lorenz gewesen, die Verständigungsmechanismen der Tiere untereinander akribisch zu entschlüsseln. Er dokumentierte die Ausdrucksgesten der Tiere und beobachtete, wie andere Tiere der gleichen Art darauf reagieren. Das war die Geburtsstunde des Tierfilms, denn nur so konnte man sich beispielsweise die vielen sehr schnellen Bewegungen bei der Balz genau anschauen, wie sie in Richtung des Partners geäußert werden. Es war Lorenz, der »Gesten mit Signalcharakter« entdeckte, auf die der angebalzte Partner mit einer entsprechenden Geste antwortet.

Vor etwa vierzig Jahren erkannte man schließlich, dass sich bestimmte Balzgesten bei nahe verwandten Arten stammesgeschichtlich genauso entwickelt haben wie manche morphologischen Körperstrukturen und Farben. Das möchte ich an einem sehr schönen, sehr plastischen Beispiel erklären, das gewiss auch viele Jäger interessieren wird: Wir hatten im Tierpark Berlin einen prächtigen Rothirsch namens Heinrich (benannt nach Prof. Heinrich Dathe) mit einem eindrucksvollen Geweih. Wenn dieser Hirsch während der Brunft Besucher androhte, so tat er das nicht mit seinem Geweih, sondern er zog die Oberlippe hoch, zeigte die Grandel und blies demonstrativ Luft daran vorbei. Diese Grandel beim Rothirsch ist aber nichts weiter als ein stammesgeschichtlich zurückgebildeter Eckzahn. Will man also diese Geste richtig deuten, muss man sich ursprüngliche Hirscharten, wie zum Beispiel das ostasiatische Wasserreh oder das Moschustier, anschauen, bei denen die Grandel noch ein richtiger Eckzahn ist. Beide ursprünglichen Hirscharten haben zwar kein Geweih, aber als Waffen kräftige Hauer als Eckzähne, mit denen sie sich bei Kämpfen untereinander schlimme Verletzungen zufügen können. Aber auch Fressfeinden gegenüber setzen sie sich mit diesen Waffen zur Wehr, und Zootierpfleger müssen ebenfalls auf der Hut sein.

Zwei Teichhühner im Streit mit einem Blässhuhn

Wenn wir das wissen, droht der Rothirsch also mit dem, was sich bei ihm über die Jahrmillionen der Stammesgeschichte zurückentwickelt hat, denn die Grandel dient ihm inzwischen nicht mehr als Waffe. Trotzdem droht er damit, als hätte er noch Eckzähne. Diese Geste beweist, dass sich während der Stammesgeschichte bis hin zu heutigen rezenten Arten Gesten als Atavismen, also Überbleibsel aus der Vergangenheit, erhalten können, deren Bedeutung aber für die heutige Art völlig sinnlos geworden ist.

Übrigens fallen Rothirsche zur Brunftzeit beim Zusammentreffen nicht gleich übereinander her, sondern drohen erst. Auf einem Brunftplatz bei Tangerhütte habe ich einmal beobachtet, wie zwei kapitale Hirsche erst nebeneinander herliefen und mit gestrecktem Kopf die Grandel drohend zeigten, ehe sie beide dann plötzlich wie auf Kommando mit ihren Geweihen aufeinander losgingen.

Zwei Rothirsche beim Kampf

Vor Jahren hat eine Besucherin des Tierparks Berlin in Unkenntnis dieser Zusammenhänge die Geste des Rothirsches auf ihre Weise gedeutet und in einem Leserbrief verewigt – eine Geschichte die wir Mitarbeiter uns jährlich aufs Neue immer und immer wieder erzählten: Sie meinte, der Hirsch würde sie freundlich angrienen, es wäre also eine Freundschaftsbekundung ihr gegenüber, denn er würde sich dabei sogar streicheln lassen! Wir Zoologen waren uns einig: Falscher und »vermenschlichter« kann man Tierverhalten gar nicht darstellen. Wer Tierverhalten so missinterpretiert, wird im Umgang mit Wildtieren schnell zum Opfer, was mitunter mit sehr, sehr schlimmen Folgen verbunden sein kann. Aber auch Selbstüberschätzung gegenüber gegatterten Hirschen führt jährlich zu Unfällen. Denn eines sollte man nicht vergessen: Wildtiere bleiben auch in Gefangenschaft immer Wildtiere. Wenn man mit ihnen direkten Umgang pflegt, sie also nicht absperren kann, muss man höllisch aufpassen, um nicht den Kürzeren zu ziehen. Denn Wildtiere erkennen jede Schwäche und fühlen sich uns im Gatter überlegen. Sie nutzen in der Brunftzeit jede Unachtsamkeit gnadenlos aus.

Morgenstimmung an der Elbe

Singschwanansammlung auf einer verschneiten Elbwiese

19 Singen, schnattern und rufen – Tierstimmen erkennen und deuten

Wie fühlen Sie sich, wenn Sie im dichten Nebel wandern? Die einen fühlen sich wie blind, die anderen empfinden es als ausgesprochen anstrengend. Wenn man nur wenige Meter weit sieht, dafür aber immer noch ausgezeichnet hört, müssen Menschen als »Augentiere« doppelt aufmerksam sein. Und vielleicht ist es Ihnen schon einmal aufgefallen: In feuchter Luft werden Schallwellen viel weiter getragen. Das hat Vor- und Nachteile zugleich. Einerseits hört man mehr, aber zugleich ist auch die gesamte Geräuschkulisse größer. Alles ist laut, die ganze Umgebung ist voller Geräusch. Damit man die Geräusche auseinanderhalten und richtig einordnen kann, man muss aufmerksamer und selektiver hören. Wenn man sich anschleicht, wird man allerdings auch von Tieren in der Umgebung viel eher gehört, was wiederum ein Nachteil ist.

Nebelwetter macht mir noch heute viel Spaß, weil mein Gehör, wenn auch inzwischen mit technischen Hilfsmitteln versehen, recht gut ist. Auch höre ich bei Nebel Tierstimmen, die sonst untergehen. Wer hat schon einmal die merkwürdige Stimme vom Marderhund gehört? Der Marderhund, der bei Nebel übrigens viel ruffreudiger ist, weil er sich sicherer fühlt und wohl glaubt, dank seines guten Gehörs Gefahren besser einschätzen zu können. Großvögel fliegen bei Nebelwetter sehr ungern, äußern dann aber untereinander sogenannte Stimmfühlungslaute, um Kontakt zu halten. Einmal saß ich an der Elbe auf einem Buhnenkopf und neben mir, einige Buhnenfelder weiter elbeaufwärts, hörte ich die Stimmfühlungslaute von Singschwänen.

Der Zwergschwan ist etwa so groß wie eine Graugans und hat nur ein kleines gelbes Feld am Schnabel.

Auf dem Wasser fühlen sich solche Vögel bei Nebel vor Fressfeinden absolut sicher und steigen nicht an Land. Immer und immer wieder imitierte ich ihre Laute und wartete ab, was passiert. Es dauerte nicht lange, und das Paar schwamm mit seinen vier flüggen Jungen, alle noch mit dunklem Gefieder, also noch aus demselben Jahr, nur wenige Meter entfernt an mir vorbei und suchte die anderen Schwäne, die Stimmfühlungslaute geäußert hatten. Mit dem dunklen Haufen auf dem Buhnenkopf wussten sie nichts anzufangen, waren nicht beunruhigt und argwöhnisch, da ich mich nicht bewegte. Hätte ich aufrecht gestanden, wäre ich sofort zum Feind geworden und sie wären schleunigst weitergeschwommen.

Bei einer ähnlichen Situation an der Elbe hörte ich auf dem Wasser Gänsegeschnatter. Nordische Gänse sind viel aufmerksamer als Schwäne, weil sie während des Zuges und Winteraufenthaltes beschossen werden. Also musste ich mich besser in Deckung bringen. Ich setzte mich auf eine angeschwemmte Kiste unter ein Gebüsch, von wo aus ich die Buhnenfelder gut hätte einsehen können, aber der Nebel verhinderte das. Langsam lichtete er sich wieder, und plötzlich kamen einige Gänse um die Buhnenköpfe herumgeschwommen. Sie waren von mir höchstens fünfzig Meter entfernt. Es war eine nordische Blässgansfamilie mit drei Jungen, die da vor mir im Wasser schnatterte. Der Nebel lichtete sich weiter, und dann sah ich, dass auf einer Kiesschotterbank seitlich vor mir im Buhnenfeld ein Trupp Saatgänse saß. Sie äugten unentwegt gezielt zu mir herüber, obwohl ich ganz still saß, und je mehr sich der Nebel auflöste, desto unruhiger wurden sie. Dann stiegen alle wie auf Kommando ins Wasser und schwammen elbeabwärts. Und während ich noch grübelte, was ich falsch gemacht hatte, kam im Uferbereich des Buhnenfeldes ein Fuchs vorbei. Vor ihm waren sie also ausgewichen, nicht wegen mir. »Fuchs, die Gans hast du nicht gestohlen«, murmelte ich in mich hinein, nein, die Gänse hatte er dieses Mal nicht bekommen, die waren auf dem Wasser sicher vor ihm.

In dieser winterlichen Jahreszeit wandere ich meist schon weit vor Sonnenaufgang los. Wenn sich dann im Morgengrauen der Nebel über der Elbe weiter lichtet, wird der Fluss für viele nordische Wintergäste zu einer typischen Leitlinie, wie der Zoologe sagt, denn auch für den Vogelzug hat die Elbe Leitlinienwirkung. Das habe ich immer wieder beobachten können, wenn im Spätherbst zum Beispiel Gänse, Schwäne und Kormorane truppweise elbeaufwärts fliegen. Wir vergessen, dass ziehende Vögel die Landschaft von oben ganz anders überblicken können. Von dort können sie auch auf große Entfernung genau erkennen, wo geeignete Rast- oder Nahrungsplätze liegen. Wenn dann im Morgengrauen weit entfernt Gänse, Enten und Schwäne von ihren Schlafplätzen auffliegen, folgen sie dem Flusslauf, um schließlich alle wie auf Kommando plötzlich landeinwärts zu Nahrungsplätzen abzubiegen. Das geschieht so, als ob es dort oben irgendwo einen unsichtbaren Wegweiser geben würde.

Es kann aber auch passieren, dass ein fliegender Gänsetrupp laut rufend über die Landschaft hinwegfliegt und nicht auf den rufenden Trupp am Boden, auf dem Wintergetreide, reagiert. Sie fliegen einfach weiter, weil ihnen das offenbar ihr Zugtrieb sagt. Andere Überflieger wiederum reagieren sofort auf die am Boden sitzenden, rufenden und rastenden Vögel, rufen sich dann förmlich zusammen, landen und gesellen sich zu den anderen.

Wildgänse sind schon ein eigenartiges »Völkchen«, das mich mit seinem Verhalten immer wieder zum Staunen bringt. Warum fliegen einige weiter, andere nicht? Erkennen sich die Tiere möglicherweise an der Stimme, so wie das bei uns Menschen der Fall ist? In ganz großen Gänserastansammlungen habe ich immer wieder beobachten können, dass es kleinere Großfamilienverbände darin gibt, die als Familienverband truppweise zusammenhalten und auch als Trupp auffliegen. Manchmal kommt es mir so vor, als ob es bei den Gänsen so zugeht wie bei uns Menschen. Aber wer gibt das Kommando, das Startsignal, wer bestimmt, wann sie alle auf einmal auffliegen? Auch für Tiere ist bei Morgennebel alles etwas anders. So lassen mich die einen näher heran, andere Gänsetrupps hingegen sind besonders argwöhnisch und ergreifen schnell die Flucht. Fragen über Fragen, die mich immer weiter zum Nachdenken und Beobachten animieren – oder aber ein plötzlicher Knall, ein Flintenschuss stört einen, und die Gänse fliegen aus diesem Grund davon.

Wildgänse verlassen ihren Schlafplatz zur Nahrungsaufnahme

Austernfischer im Flug

Austernfischer an Land

20 Brutbestände – mehr als nur bloße Zahlen

Wenn heutzutage Eingriffe in Natur und Landschaft geplant sind, ist es gängige Praxis, dass eine Bestandsaufnahme der dort vorkommenden Tierarten vorgenommen wird. Mit Hilfe von Planungsinstrumenten wie zum Beispiel einer Umweltverträglichkeitsstudie, kurz UVS, lässt sich herausfinden, welche Arten durch den Eingriff in ihren Lebensraum beeinträchtigt wurden. Solche Studien finden große Zustimmung, ermöglichen sie doch, dass man Verluste von Biodiversität, also Artenvielfalt, richtig einschätzen und gegebenenfalls ausgleichen kann und mitunter sogar ausgleichen muss. Dafür ist es notwendig, dass die Forderung nach Ausgleichsmaßnahmen mit einem klugen und vorausschauenden Einfühlungsvermögen in Natur und Landschaft einhergeht.

Aufgrund meiner Erfahrungen und Kenntnisse haben mich immer wieder Planungsbüros und Behörden in ihre Arbeit mit eingebunden. Bei einem Projekt, das von der Bundesanstalt für Gewässerkunde in Koblenz vergeben wurde, ging es darum, die unmittelbar im Spülsaum der Elbe befindlichen und nicht weit davon entfernten Brutvögel zu erfassen. Dafür erhielt ich von der Bundesanstalt Kartenmaterial im Maßstab 1:5000 vom Elblauf, auf dem jede Buhne genau abgebildet war, so dass man jeden Brutvogel dem jeweiligen Buhnenfeld zuordnen konnte. Allerdings ergaben sich auch für ortsunkundige Kartierer Schwierigkeiten: Auf welcher Seite brütet nun der Vogel? Wo sind Revierzentrum und Nest? Weil ich beim Abwandern des Elbufers nicht gleichzeitig links- und rechtselbisch sein konnte – schließlich

Suchbild: Wo sitzt der Flussregenpfeifer auf dem Gelege?

war es mir nicht möglich, den abfliegenden Vögeln übers Wasser zu folgen –, konnte ich oft nur am Verhalten des Vogels erkennen, wo sich das Brutnest befand. Eine Nestsuche habe ich aus Naturschutzgründen immer unterlassen. Hinzu kommt, dass ein Vogelrevier eines Elbuferbewohners von einem Elbufer bis zum anderen reichen kann, und weil es bei dieser Studie nicht um Brutplätze, sondern um Brutvogelreviere der einzelnen Arten ging, kam mir meine jahrzehntelange Erfahrung zugute. Für viele, auch größere Wildtiere ist ein Fluss keine Reviergrenze. So habe ich nicht nur einmal gesehen, wie eine Rotte Wildschweine, aber auch Rehe durch die Elbe geschwommen sind. Gleiches gilt natürlich auch für Biber und Fischotter, für die die Elbe ebenfalls kein Hindernis darstellt. Dann wiederum gibt es viele kleine Singvogelarten, die als Randsiedler der Elbe nur ungern niedrig über größere Wasserflächen fliegen. Für sie stellt die Elbe mit ihrem Ufer eine richtige

Reviergrenze dar. Auch andernorts in der Altmark konnte ich häufiger beobachten, wie Singvögel zur Brutzeit nur ungern übers offene Wasser von Seen und Flüssen zur anderen Seite fliegen. Ich kann mir das nur so erklären, dass sie Angst haben, weil sie über dem offenen Wasser schutzlos Fressfeinden ausgeliefert sind. Fliegen sie über Land, können sie jederzeit im schützenden Gesträuch verschwinden. Nur zur Zugzeit überfliegen sie Wasserflächen – allerdings geschieht dies in großer Höhe.

Brütender Flussregenpfeifer

Beauftragt von der Bundesanstalt für Gewässerkunde und immer mit dieser unhandlichen, großen Landkarte im Gepäck, bin ich also im Frühjahr 2003 von einem zum anderen Buhnenfeld gewandert. Das waren täglich zehn und mehr Kilometer, erst linkselbisch flussabwärts, dann, am nächsten Tag, auf der anderen Uferseite die ganze Strecke noch mal. Wenn es windig war, konnte man kaum dic unhandliche Landkarte aufschlagen. Wenn ein Regenschauer kam, hatte man doppelte Probleme: Die sehr genaue Landkarte musste trocken bleiben und man selbst auch. Für eine solche Unternehmung braucht man einen zuverlässigen Partner, und so hat mich meine Frau immer an einer vorgegebenen Stelle an der Elbe abgesetzt und ist dann zum vereinbarten Ziel vorgefahren.

Aber was ist mir neben den genauen Eintragungen in die Karten sonst noch in Erinnerung geblieben? Nach dem Extremhochwasser von 2002 siedelten sich in den Folgejahren erfreulich viele Flussuferläufer als Brutvögel an. Auf die gesamte Elbestrecke des Landkreises Stendal umgerechnet, war es etwa ein Brutpaar pro Elbekilometer. Auch schien das Elbufer wieder viel sauberer zu sein, jedenfalls war der weiße Sand im Zwischenbuhnenfeld sehr viel weißer. Überall wuchsen im Uferbereich Rohrglanzgras und Spitzklette, und in diesen dichten Beständen brüten Uferläufer sehr gern. Das wusste ich von früher. Viele Uferläufer, die an der Elbe auf dem Rückzug rasteten, nutzten die Gunst der Stunde und sind zum Brüten an der Elbe geblieben. Über diese heimlichen Arten, zu denen neben den Uferläufern auch die Wachtelkönige zählen, wissen wir leider zu wenig, um genau erklären zu können, wie solche Arealauffüllungen nach einem Extremhochwasser funktionieren. Auch Flussregenpfeifer konnte man überall im Uferbereich brüten sehen. Ihr Territorium zu finden, ist sehr leicht, weil ihre sehr auffälligen Rufe sie verraten. In kiesigen Schotterflächen muss man jedoch aufpassen, wohin man tritt, denn die Eier und somit auch das Nest sind im Schotter perfekt getarnt. Auch der erst in den sechziger Jahren an der Elbe eingewanderte Austernfischer brütet inzwischen wieder an der Elbe, an Stellen, wo ich ihn nie vermutet hätte. Am häufigsten findet man Brandgänse als Brutvögel vor. Brandgänse sind Höhlenbrüter, die in Höhlen von Kopfweiden und starken Pappeln, aber auch in Löchern auf Strohdiemen brüten. Es ist immer wieder beeindruckend zu sehen, wie aufmerksam die männlichen Brandgänse in Nestnähe Wache schieben und einen, wenn man dem Nest zu nahe kommt, aufgeregt und rufend umfliegen.

Spitzklette

Gern wüsste ich, wie die Brutvogelpopulationen auf das letzte Extremhochwasser von 2013 reagiert hat, aber ich habe inzwischen andere Beobachtungsfelder. Ich hoffe, es hat sich inzwischen ein anderer, jüngerer und rüstigerer Beobachter gefunden, der meine Arbeit von früher gewissenhaft fortsetzt.

Ein für die Beringung gefangener Flussuferläufer

Flußuferläufer am Elbufer

schätzten wir den Bestand der gesamten Müggelspreeniederung auf mindestens vierzig Brutpaare.

Ich fragte mich, wo auf einmal die vielen Wachtelkönige herkamen und warum ich sie nachts nicht gehört hatte. Weiter fragte ich mich, ob es sich um brutwillige Vögel aus der Elbniederung handelte, die noch ganz eilig zur Brut geschritten waren, und wie sie die Müggelspreeniederung gefunden hatten. Fragen über Fragen, die ich mir nicht beantworten konnte. Heute glaube ich, dass es sich wirklich um Vögel aus der Elbaue, vielleicht sogar aus meiner Heimat in der Altmark gehandelt hat. Die Mitarbeiter der Biobauern und Mutterkuhhalter waren selbst erstaunt, weil sie an diesen Stellen keine Wachtelkönige erwartet hatten. Daraufhin gingen sie bei ihrer Arbeit sehr schonend vor und ließen die Wachtelkönigfamilien mit den späten, noch nicht flüggen Jungen ins angrenzende Gebüsch in Deckung flüchten. Ob sie überlebt haben oder letztlich zu Fuchsfutter wurden, weil der riesige schützende Aufwuchs der Grünlandfläche fehlte, weiß ich nicht.

Wegen dieser seltenen Bodenbrüter hätten die Biobauern die einst nassen Flächen gern später gemulcht, aber die starren EU-Vorschriften ließen leider keinen Spielraum für eine naturverträgliche Bewirtschaftung zu. Das Mulchen braucht Zeit und kann nicht bei zu großer Nässe geschehen. Deshalb muss es immer schon im September durchgeführt werden. Wenn das Grünland bis zum 15. Oktober nicht bearbeitet wurde, gibt es keine Fördermittel. Auch das ist den Biobauern schon widerfahren.

In der Literatur findet sich der Hinweis, dass es bei Wachtelkönigen auch noch zu sehr späten Bruten bis in den September hinein kommen kann, wenn die Hochwassersituation das bedingt. Allerdings kennen die Landwirtschaftsbürokraten in Brüssel, wie ich wieder einmal erfahren musste, keinen Naturschutz, sondern nur ihre starren Vorschriften. Die Ausrottung einer vom Aussterben bedrohten Art ist die Folge in dieser Region. Wichtig ist nur, dass die Gelder verteilt wurden. So beißt sich die Katze wieder einmal selbst in den Schwanz, den Kürzeren zieht einmal mehr Mutter Natur.

Der Wachtelkönig führt ein sehr verborgenes Leben in dichter Gras- und Staudenvegetation und wird daher nur selten in der freien Natur gesichtet. Er gilt als stark gefährdete Vogelart und befindet sich auf der Roten Liste der Brutvögel.

Der Weißstorch ist einer der häufigsten Brutvögel der Elbniederung.

22 Grünlandvögel in Gefahr

Als ich Anfang der neunziger Jahre mit Biologen und Landschaftsplanern vom Planungsbüro Ökokart aus München in Tangermünde zusammensaß und wir Altmärker in einem Fachgespräch von unseren über die DDR-Zeit geretteten Naturreichtümern, den vielen seltenen Pflanzen und Tieren, schwärmten, wurde mir am Schluss von den Münchnern eine brutale Gretchenfrage gestellt. Sie fragten mich, wie lange es wohl dauern würde, bis die altmärkische Landschaft genauso monoton, artenarm und langweilig wie vergleichbare Naturlandschaften im Westen aussehen wird, ob ich mit zehn oder nur mit fünf Jahren rechnete. Ich war schockiert darüber, dass sie so etwas überhaupt in Erwägung zogen. Zu der Zeit war ich noch fest davon überzeugt, dass der westdeutsche Naturschutz dem Naturschutz in der DDR haushoch überlegen sei. Ein Kollege aus dem Westen belehrte uns jedoch eines Besseren. Er erklärte uns, dass der westdeutsche »Reichtum« einzig und allein auf Naturzerstörung zurückzuführen sei. Natürliche Ressourcen zu zerstören, sei profitabel, das bringe Landwirtschaft und Industrie viel Geld ein. Naturschutz dagegen koste Geld, und die Politik sei daran interessiert, finanzielle Unterstützungen

Immer seltener an der Elbe anzutreffen: die Uferschnepfe

Der Kiebitz, der auch als »Charaktervogel der Altmark« bezeichnet wird, versucht auf Wintersaaten und Maisansaatflächen zu brüten. Weil aber das Zeitfenster für eine ungestörte Brut zu klein ist, sind solche Bruten selten erfolgreich.

möglichst kleinzuhalten und zu begrenzen. Ich konnte das kaum glauben, bis ich die Gesetzestexte und Formulierungen im Bundesnaturschutzgesetz zu lesen bekam, die alles waren, nur nicht naturschutzkonform.

Kritische Leser werden berechtigterweise fragen, auf welche Gesetzestextpassagen ich anspiele. Zur Beantwortung möchte ich ein Beispiel anführen: Es ist keine acht Jahre her, da beobachtete ich, wie ein Landwirt nach dem 31. März seine Wiese »schleppte«, also die Maulwurfhügel einebnete. Laut DDR-Naturschutzgesetz war das nicht gestattet. Ich rief deshalb in der Unteren Naturschutzbehörde in Stendal an, und dort belehrte man mich, dass diese terminliche Eingrenzung im Bundesnaturschutzgesetz nicht vorhanden sei und somit alles rechtens sei. Die Wiese, von der ich wusste, dass sich auf ihr das Brutnest eines sehr seltenen Brachvogels befand, durfte der Landwirt also »in Ausübung einer ordnungsgemäßen Landwirtschaft« schleppen. Das Bundesnaturschutzgesetz gab ihm also das Recht, das

Brachvogelgelege mitsamt den bebrüteten Eiern zu zerstören. Er musste nur behaupten, dass auf seiner Wiese kein Brachvogel brütet und mir den Zutritt zur Wiese verbieten. Ich war wie vor dem Kopf gestoßen und finde nach wie vor, dass man so etwas berechtigterweise als Artenschutz mit politisch negativem Weitblick bezeichnen kann. Aber welchen Politiker interessiert das schon? Wenn sie sich für die Natur wirklich interessieren würden, hätten sie den Gesetzestext längst geändert. Ihnen aber geht es immer nur darum, wieder gewählt zu werden. Inzwischen ist die Brutpopulation der Brachvögel auf den Elbwiesen ausgerottet. Es gibt nur noch vereinzelte Bruten in der Mildeniederung. Über den Elbwiesen hört man das Flötenlied des Brachvogels nur noch zur Zugzeit im Frühjahr. Auch die Uferschnepfe hört man nur zu diesem Anlass, in der Altmark gilt sie bereits als ausgestorben. Auf Intensivgrünland haben solche Vogelarten keine Lebensgrundlage mehr, es ist also nur eine Frage der Zeit, bis noch mehr Vögel für immer verschwunden sind. Aus diesem Grund komme ich immer wieder auf die Gretchenfrage zurück,

Die Grauammer war eine Zeit lang in der Elbniederung völlig verschwunden, ist aber jetzt wieder häufiger zu beobachten.

Rapsfeld

die mir direkt nach der Wende die Kollegen aus München gestellt haben. Und heute muss ich ihnen recht geben: Unsere einst so schöne Altmark ist in den letzten fünfzehn, zwanzig Jahren an Naturausstattung sehr arm geworden. Überall wird großflächig nur Mais und Raps angebaut. Radtouristen, die auf ihren Touren nicht nach links und rechts blicken, wird das nicht stören, Ästheten aber sehr wohl. Oft werde ich auf dem Elberadweg auf den immergleichen Anblick angesprochen und kann dann immer nur mit den Achseln zucken, denn diese Form der Landnutzung ist politisch so gewollt.

Und wenn ich mich jetzt, gut zwanzig Jahre danach, in der Altmark umschaue, sehe ich die Worte meiner bayerischen Kollegen von damals bestätigt. Die Altmark ist längst zur Kultursteppe geworden. Maisfelder dominieren die Grünlandflächen. Profiteure haben überall ihre Finger im Spiel und lassen überdimensionale Biogasanlagen aufbauen, obwohl man weiß, dass solche Anlagen nicht viel mehr Energie liefern als ein Windrad.

Ein Braunkehlchen nach dem Baden

Braunkehlchen sind in den Hochstaudenfluren des Grünlandes der Elbniederung noch recht häufig.

Eisvogel, der aufgrund seines leuchtenden Gefieders auch »fliegender Edelstein« genannt wird

Wasserdost mit Großem Ochsenauge

23 Wenn Politik auf Wirklichkeit trifft …

Nach meinem Biologiestudium war es mir schon früh ein Bedürfnis, die Mitbürger in meinem näheren Umfeld in der Altmark für Naturschutz und die Erhaltung von Vielfalt in der Elbaue zu begeistern. Ich kann mich noch an eine Exkursion mit Senioren an die Elbe erinnern, und als wir längs des alten Elbdeiches auf eine bunte Blumenwiese kamen, erklärte ich, dass es sich hierbei um für die Elbaue typische Blumen und Pflanzen handele, sie dort aber durch Übernutzung verschwunden seien, und nur noch hier, am damals noch nicht sanierten alten Elbdeich, wie ein langes buntes Band an Wiesenblühern vorkämen.

Frauen, die meiner Elterngeneration angehörten, waren an meinen Ausführungen über die Zusammenhänge sehr interessiert. Was mich aber am meisten beeindruckte, war, dass jene »Alten« noch die Namen von vielen Wiesenblumen kannten und wussten, wo sie einst auf der Elbwiese in Massen geblüht hatten. Ich war als junger Diplom-Biologe vollkommen begeistert und wurde zunehmend kleinlauter, weil ich von den profunden Artenkenntnissen meiner Zuhörer beeindruckt war. Zugleich bedrückte es mich, festzustellen, dass es nur eine Generation gedauert hatte, um diese Artenvielfalt in der Elbaue zu zerstören. Ich war von einer sehr viel größeren Zeitspanne ausgegangen. Schließlich war ich zu jener Zeit noch von meinen Aktivitäten für den Naturschutz überzeugt, musste mir nun aber von Erfahreneren erklären lassen, dass es mit dem Naturschutz zu DDR-Zeiten längst nicht zum Besten gestanden hatte.

Am 14. Februar 2013 fand in Grieben die Ausweisung des großen Naturschutzgebietes »Elbaue Jerichow« statt. Als Begründung für dieses Vorhaben nannten die Veranstalter vom Landesverwaltungsamt Halle ganz beiläufig, dass die einst so typische Brenndoldenwiese in der Elbaue kaum noch vorhanden sei. Ich war schon versucht zu fragen, wer denn von den Anwesenden diese seltene Brenndolde kenne, ließ es aber sein, weil noch andere Probleme angesprochen wurden, die mir ebenfalls sehr wichtig schienen. Die Brenndolde war früher eine wichtige Futterpflanze, und als Jugendlicher musste ich Tausende von ihnen zu diesem Zwecke abmähen. Aber wer kennt heute noch die Brenndolde? Und so musste ich mich einmal mehr an die Exkursion mit der Seniorengruppe zurückerinnern, deren Mitglieder diese und noch viele andere Pflanzen mit Namen kannten.

Oben: Blut- und Blauweiderich.
Unten: Wiesenschwertlilie, die an den Überflutungsauen eine echte Seltenheit geworden ist.

Die Elbwiese ist keine tafeltischebene Fläche. In Senken findet sich kleinräumig Feuchtgrünland, unmittelbar daneben liegen häufig Fuchsschwanzwiesen und auf höheren Flussschotterflächen wieder Trockenrasen. Um das Grünland ertragreicher zu bekommen, hat man neuerdings Kulturgräser wie zum Beispiel Weidelgras eingesät oder »eingeritzt«, wie es im Fachjargon heißt, denn der Landwirt muss seine Rinder satt bekommen. Die Folge dieser Maßnahmen ist, dass der Brachvogel und die Uferschnepfe in unserer Elbaue inzwischen ausgerottet wurden. Selbst die früher häufig anzutreffende Feldlerche ist in ihrem Brutbestand mittlerweile um die Hälfte geschrumpft. Aus der Sicht der Landwirte rechnen sich allerdings Brachvogel, Uferschnepfe und Feldlerche nicht, für sie sind von der EU keine Fördermittel zu erwarten. Wäre die EU an Biodiversität, also Artenvielfalt in unserer Landschaft, interessiert, müsste sie bunte Blumenwiese fördern und bezuschussen und nicht Ackerland, auf dem Mais, Raps oder Weizen angebaut wird. Doch solange Lobbyisten aus der Wirtschaft den Politikern in Brüssel die Gesetzte diktieren, wird sich daran nichts ändern.

Wie viel Einfluss die Wirtschaft auf solche Gesetze nimmt, macht ein Film von Ulrich Eichelmann, *Climate Crimes – Umweltverbrechen im Namen des Klimaschutzes*, deutlich. Als die UNO für den anstehenden Klimaschutz einhundert Milliarden Dollar bereitstellte, sorgten windige Wirtschaftsexperten dafür, dass sich ebenso windige EU-Politiker dafür einsetzen, dass Biokraftstoff aus Palmöl hergestellt werden kann. Eine Folge daraus ist, dass die EU seit geraumer Zeit die Vernichtung des Regenwaldes durch Brandrodung in Kalimantan (Borneo) fördert. Hat man diesen Film gesehen, kommt man arg ins Zweifeln, ob EU-Politiker überhaupt in der Lage sind, sinnvollen Umweltschutz durchzusetzen.

Feuchtwiese mit breitblättrigem Knabenkraut

Aber zurück zur Elbaue: In meinen Augen kommt das Vorhaben, die Elbaue Jerichow unter Schutz stellen, Jahrzehnte zu spät. Solange die Förderpolitik in Brüssel nicht geändert wird, wird der Landwirt weiterhin Grünland zu Ackerland umbrechen, um lukrative Fördermittel abzufassen. Den Landwirt kann ich verstehen. Auch weil er eine »Unterschutzstellung«, wie sie jetzt geplant ist, als Entwertung seines Eigentums interpretieren muss. Nur die EU-Politik könnte hier entgegensteuern, indem sie Grünland wegen seines hohen Biodiversitätswertes mit höheren Fördergeldern ausstattet. Wir müssen allerdings davon ausgehen, dass die Lobbyisten in Brüssel alles tun werden, um dies zu verhindern.

24 Die »hundsgemeinen« Stechmücken

Es gibt Wetter, die machen einem zu schaffen. Nicht etwa Kälte oder Hitze ist die Ursache, nein, gewitterschwüles Wetter. Besonders lästig wird es, wenn ich mich allein durch dichtes Unterholz wie Brombeergestrüpp oder hohen Adlerfarn hindurchzwängen muss. Kommen dann noch »hundsgemeine« Stechmücken hinzu, die einen wie Minivampire mit ihrem markanten Summton umschwirren und stechen, ist es kaum auszuhalten. Wann immer das Wetter so schwül war, trug ich in jungen Jahren einen grünen Strohhut, an dem ein Mückenschleier befestigt war. Dann folgten Jahre, in denen Mücken mich nur selten belästigten. Wenn ich mich richtig erinnere, haben wir als Studenten morgens eine Vitamin-B-Komplex-Tablette geschluckt. Diese sollte bewirken, wie uns ein Pharmazeut von der Universität Halle verriet, dass die Mücken von uns fernbleiben, und zumindest bei uns hat das auch funktioniert.

Mein großes Glück ist, dass ich auf Mückenstiche nicht allergisch reagiere, worum mich die Anverwandten in meinem Umfeld beneiden. Vielleicht wäre ich nie Biologe geworden, wenn mir der Aufenthalt im Freiland durch Mücken, Wespen und andere Stechinsekten lästig geworden wäre. Als Kind in der Altmark, in Elbnähe und nahe den vielen Elbgewässern heranzuwachsen, brachte einige Vorteile mit sich. So waren wir Dorfkinder im Sommer ganz selbstverständlichen solchen Lästlingen ausgesetzt. Das war bei Stadtkindern anders. Ich erinnere mich noch, wie mich in den Ferien einmal Stadtkinder in die Elbaue begleitet haben und dann, während der

Beobachtung, hysterisch nach den Mücken schlugen, wodurch sie natürlich alles verscheucht haben und ich zu meckern anfing.

Als Heranwachsende mussten wir bei der Feldarbeit helfen und während der oft mühevollen Arbeit hatten wir kaum Zeit, auf lästige Mücken zu reagieren. Wir mussten schon frühzeitig lernen, mit der Natur zu leben. Nach dem letzten Hochwasser und dem Deichbruch musste ich allerdings feststellen, dass Mücken auch mir in der Elbaue lästig werden können. Bislang kannte ich hauptsächlich die Gemeine Hausmücke mit dem lateinischen Namen *Culex pipiens*. Sie entwickelt sich überall in Gewässern, selbst in Regentonnen. Die Larven dieser Mücke habe ich früher aus der Regentonne mit einem Kaffeesieb herausgefischt und an meine Aquarienfische verfüttert. Nach dem Hochwasser entstiegen der feuchten Landschaft der Elbaue jedoch Massen von sogenannten Überschwemmungs- oder Flutmücken, die einer anderen Art angehören als unsere Gemeine Stechmücke. Die Flutmücke ist etwas kleiner, nur etwa fünf Millimeter groß, und tritt in riesigen schwarzen Schwärmen auf. Typisch für diese Art ist, dass sie ihre Eier in feuchten Senken in der Elbaue oder an anderen Überflutungsstellen in der Altmark ablegt, wo die Eier bis zu fünf Jahre auch bei Trockenheit und Frost überleben können. Kommt es schließlich zu einer Überflutung, wie das beispielsweise bei dem Sommerhochwasser 2013 der Fall war, schlüpfen aus den abgelegten Eiern der verschiedenen Jahre ganze Generationen von Flutmückenlarven auf einmal, und explosionsartig verwandeln die sich binnen weniger Tage in lästige, besonders laut summende Überschwemmungsmücken. Es soll Mückenspezialisten geben, die an der Höhe des Summtones (die Flügelschlagfrequenz beträgt etwa fünfhundert Mal pro Sekunde) die Artzugehörigkeit oder die Artengruppenzugehörigkeit erkennen können. Das ist insofern beachtlich, wenn man bedenkt, dass allein in Mitteleuropa über einhundert

Wiesenknopf im Morgentau

Mückenarten existieren. Ich hingegen bin schon froh, dass ich wenigstens den Summton der häufigen Gemeinen Hausmücke von dem der Flutmücke unterscheiden kann. Wenn ich dann in der Dämmerung in der Elbaue die riesigen schwarzen Schwärme von Flutmücken erlebe und fluchtartig die Landschaft verlasse, muss ich an die vielen Pferde, Rinder und Haustierherden denken, die im Gehege stehen und Tag und Nacht diesen Blutsaugern ausgesetzt sind. Im Gegensatz zu uns können sie vor ihnen nicht flüchten und müssen die ganze Nacht das Summen und Stechen ertragen.

Weichholzaue mit Weiden

Jede Rotbauchunke besitzt ein ganz individuelles Bauchmuster, mit dessen Hilfe man sie von ihren Artgenossen ganz leicht unterscheiden kann.

25 Die Rotbauchunke

Als ich nach dem Deichbruch im Jahr 2013 in der Elbaue unterwegs war, fiel mir auf, dass in den großen stehenden Pfützen und Temporärgewässern der durch den Deichbruch überfluteten Trübenniederung bei Schönhausen Unken zu hören waren.

Wenn ich nach dem Krieg als Kind frisches Grün für unsere Ziegen aus der Elbniederung holen musste, riefen überall in kleinen Tümpeln Unken. Die kleinen Froschlurche, etwa um die fünf Zentimeter groß, waren im Pflanzengewirr so gut getarnt, dass man sie nur anhand der kleinen Wellen erkennen konnte, die sie durch ihr Rufen auslösten. Etwa vierzigmal pro Minute ertönt dieses Rufen, das für uns Menschen wie ein monotones »Uuh-uuh-uuh« klingt und der Unke vermutlich ihren Namen gab. Für uns Kinder war es damals eine Art Sport, den Rufer im überfluteten Pflanzengewirr aufzuspüren. Das war allerdings gar nicht so einfach, denn kam man ihm zu nahe, verstummte er sogleich, so dass man wieder zurückgehen und warten musste. Weil aber die anderen Unkenmännchen in der Umgebung weiterriefen, dauerte es nicht lange, und der Rufer begann von neuem. Als ich zu meinem vierzehnten Geburtstag ein 8-×-30-Fernglas geschenkt bekam, hatte ich es immer mit dabei. So konnte ich den Rufer nicht nur anpeilen, sondern auch suchen. Zugleich machte ich die Beobachtung, dass sich die Unke beim Rufen wie ein kleiner Ballon aufbläst und bei jedem Ruf die Kehle über Wasser rot leuchtete. Mit bloßem Auge hatte man das nicht erkennen können. Man kann sich also sicherlich vorstellen, wie glücklich ich über mein erstes

Erdkröte im Laichgewässer

Fernglas war. Als ich 1966 dann meinen ersten 16-Millimeter-Schwarzweißfilm für das DDR-Fernsehen in der Elbaue drehte, dienten mir die rufenden Unken als Geräuschkulisse im Hintergrund, einige hatte ich auch gefangen, um sie besser porträtieren zu können.

Fühlt sich die Unke bedroht, stellt sie ihren Körper steifbeinig hoch, wodurch die leuchtend rote Farbe der Unterseite teilweise zum Vorschein kommt. Aus diesem Grund wird sie auch Rotbauchunke genannt. Manche Tiere legen sich kurz auf den Rücken, und das ganze rote Bauchmuster leuchtet auf. Das reflexhafte Zeigen des roten Bauches soll Feinden als Warnsignal dienen. Diese Bauchzeichnung ist wie ein Fingerabdruck und bei jeder Unke anders. Als ich die Aufnahmen den Mitarbeitern des DDR-Fernsehens zeigte, zeigten sie sich sofort begeistert und beschlossen schon damals, mich – sobald sich die Möglichkeit ergäbe – einen Film in Farbe drehen zu lassen, wozu es viele Jahre später dann auch kam.

Die Tonlage der Rufe ist von Männchen zu Männchen verschieden. Je größer und älter ein Männchen ist, desto tiefer ist seine Stimme. Bei jüngeren Männchen klingen die Rufe höher. Daran kann man die einzelnen Tiere gut voneinander unterscheiden. Alte Männchen besetzen ein Revier von zwei bis drei Metern Durchmesser, und weil offenbar jedes Männchen in einer anderen Tonhöhe ruft, sind die Grenzen klar abgesteckt. Als ich einmal ein Männchen gefangen hatte, um es zu fotografieren, und es an anderer Stelle wieder hinsetzte, blieb es dort stumm. Erst als ich es an seinen alten Platz zurücksetzte, rief es wieder. Es zeigt sich also wieder einmal: Wir Menschen sollten uns möglichst wenig in die Natur einmischen.

Obwohl Rotbauchunken recht klein sind, entwickeln sich aus den Eiern bis zu fünf Zentimeter große Kaulquappen. Auch sie lassen sich gut im Flachwasser beobachten. Unken können allerdings nur dort bestehen, wo es keine Fische gibt. Raubfische fressen nämlich nicht nur Kaulquappen und kleine Frösche, sondern auch ausgewachsene Unken. Aus diesem Grund gab es in der Elbaue nur dort Unken, wo Gewässer zeitweilig austrockneten, woraufhin die dort vorkommenden Fische starben und mitunter von Reihern aufgefressen wurden. Weil nach dem Deichbruch von 1941 auch Fische, meist alte Tonstiche, in solche Temporärgewässer gespült wurden, waren Unken anfänglich recht selten. Dann trockneten die Temporärgewässer in den Jahren zwischen 1950 und 1952 wieder einmal alle aus, die Graureiher sammelten bequem die vielen Fische im Flachwasser ab, und danach konnte man wieder überall das »Unkengeläut« hören, wie die Unkenrufe auch genannt werden. Mit diesem »Unkengeläut« bin ich aufgewachsen. Das hat mich geprägt. Und wenn ich heute Unken höre, wie jetzt nach dem letzten Deichbruch, stimmt mich das immer euphorisch, weil mich ihre Rufe an meine Jugend erinnern.

Überflutungsgewässer mit Seerosen

Fischotter sind sehr scheue Tiere, sie in der freien Natur vor die Linse zu bekommen, ist deshalb ein wahres Fotografenglück.

26 Zurück in der Altmark: der Seeadler

Wer um die Erhaltung heimischer Natur bemüht ist, der kommt nicht umhin, das Handeln von Politik und Wirtschaft kritisch zu hinterfragen. Wenn wir nämlich nicht ständig aufpassen, wird unsere schöne heimatliche Elbniederung über kurz oder lang zur »Kultursteppe« verkommen.

Es gibt aber auch Erfolge im Naturschutz zu verzeichnen. Durch einen Bericht des NABU-Dachverbandes Bird Life International, der die Erfolge des internationalen Artenschutzes zum Thema hatte, erfuhr ich beispielsweise von einer Studie, in der die eindrucksvolle Rückkehr von fast vierzig Säugetier- und Vogelarten untersucht wurde. Für Deutschland wurden gute Ergebnisse für Biber, Kranich und Seeadler erzielt. Auch Schwarzstorch, Uhu und Wanderfalke haben von zentralen europäischen Naturschutzbemühungen erheblich profitiert. So galt das deutsche Wappentier, der Seeadler, um 1900 als nahezu ausgestorben. Nur etwa dreißig Paare, so vorsichtige heutige Schätzungen, hatte man noch im Nordosten des damaligen Kaiserreiches gesichtet. Nach dem Zweiten Weltkrieg begann man mit intensiven Schutzmaßnahmen, die allerdings nicht immer von Erfolg gekrönt waren, weil Produktionsziele in der DDR immer Vorrang hatten und es deshalb zeitweise zu Rodungen von Altholzbeständen kam, die für den Horstbau der Seeadler nötig sind. Westelbisch wurden Seeadler erstmals wieder 1954 im Forst Briest bei Tangerhütte in der Altmark angesiedelt. Wenige Jahre später berichtete Kurt Maaß, damals Leiter des Ornithologischen Arbeitskreises Altmark, von der nächsten westelbischen Ansiedlung in der Hohen

Garbe im Norden der Altmark, südlich von Schnackenburg. Damit rückte die Altmark schon früh in den Fokus des Natur- und Adlerschutzes. Bis 1990 hatte sich der Bestand langsam auf etwa 140 Brutpaare in Ostdeutschland erholt. Dank der intensiven Betreuung von Horsten und Brutgebieten und dem Verbot des Umweltgiftes DDT setzte sich dieser Trend in den nächsten Jahren fort. Mittlerweile ist auch die Elbeniederung von Sachsen-Anhalt wieder flächendeckend besiedelt. Insgesamt gibt es heute etwa 650 bekannte Brutpaare in der Bundesrepublik, und sogar in Süddeutschland wurden die ersten Seeadler gesichtet Das stimmt mich für die Zukunft äußert optimistisch.

Ähnlich stand es einst um den Elbebiber. Mitte des vorigen Jahrhunderts war er mit wenigen Dutzend Exemplaren, die noch an der mittleren Elbe im Steckby-Lödderitzer Forst lebten, vom Aussterben bedroht. Auch diese für den Biber schwierige Zeit habe ich live miterlebt. Wenn ich vor sechzig Jahren einen Biber an der Elbe sah, habe ich immer aus Dankbarkeit über diese Beobachtung andächtig die Hände gefaltet. Heute wird der deutsche Bestand auf über 25 000 Tiere geschätzt, Ostdeutschland und Bayern sind inzwischen flächendeckend besiedelt. Die Einrichtung von Schutzgebieten, Wiederansiedlungsprogramme und nicht zuletzt die Bundesartenschutzverordnung haben diesen Erfolg möglich gemacht.

Oder nehmen wir unseren heimischen Graukranich: Weil während und nach dem Krieg keine Bestandserhebungen gemacht wurden, wurde der Bestand in der DDR zunächst auf 80 bis 200 Brutpaare geschätzt. In der Altmark kannte ich nur die Brutplätze im Süppling bei Weißewarte und im Mahlpfuhler Fenn, außerdem das Karrenbachgebiet bei Schernebeck. Als ich 1965 im Tierpark als wissenschaftlicher Mitarbeiter anfing, nannte mein damaliger Vorgesetzter, Prof. Heinrich Dathe, die offizielle Zahl von geschätzten 400 Brutpaaren für die DDR, die er bei Zusammenkünften des Zentralen Fachausschusses für Ornithologie erfahren hatte. Als ich später für das Staatsfernsehen Tierfilme machte und wir auch Kraniche am Brutplatz filmten, war es Prof. Rutschke, damals Leiter der Zentrale für Wasservogelforschung in Potsdam, der 1983 davon sprach, dass die Brutpaarzahl sich mittlerweile auf 1 000 erhöht habe. Zur Wendezeit 1990/91 betrug die Zahl im wiedervereinigten Deutschland schon knapp 1500 Brutpaare. Derzeit wird der Brutbestand für die Bundesrepublik auf 7800 Paare beziffert. Parallel zur Seeadlerpopulation nahmen auch die auf ihrem Zug in Deutschland Rast machenden Kraniche von 40 000 in den siebziger Jahren auf heute 300 000 Vögel zu. Anhand dieser Zahlen lässt sich erkennen, dass die internationalen Naturschutzmaßnahmen gegriffen haben.

Auch der Bestand des in den siebziger Jahren hochbedrohten Schwarzstorches ist kontinuierlich gewachsen. Ich erinnere mich noch an Brutpaarzahlen, die Prof. Dathe nach Zusammenkünften des Zentralen Fachausschusses für Ornithologie genannt hatte. 1965 waren es nur noch 28 gesicherte Brutplätze für die gesamte DDR, dazu zählte auch unser Brutpaar vom Mahlpfuhler Fenn bei Tangerhütte. 1985 gab es schon wieder um die 50 Brutpaare, und derzeit geht man sogar von 800 Schwarzstorchpaaren aus.

Schwer hatte es nach dem Krieg auch der Uhu, weil durch die Viruserkrankung Myxomatose seine Hauptbeute, das Wildkaninchen, stark dezimiert wurde. Jetzt wissen wir, dass der Brutbestand von 1990 bis heute von 500 Brutpaaren auf erfreuliche 1500 Brutpaare angewachsen ist.

Vom Wanderfalken gab es 1970 nur noch etwa 50 Brutpaare in Baden-Württemberg, in der DDR war er wegen der intensiven Anwendung von DDT ausgestorben. Auch der mir bekannte Brutplatz im Forst Briest bei Tangerhütte war nach einer DDT-Begiftung der Kiefernforsten verwaist. Dank intensiver Schutzbemühungen liegt die Brutpaarzahl heute wieder bei etwa 1 000 Brutpaaren.

Bei all diesen Erfolgen möchte ich aber nicht verschweigen, dass es um die Wiesenbrüter in der Elbniederung und die Vögel der Agrarlandschaft immer noch schlimm bestellt ist und hier erhöhter Handlungsbedarf besteht. So haben die Bodenbrüterarten allein in meinem überschaubaren Leben dramatisch abgenommen und sind in der Elbaue an vielen Stellen kaum noch vorhanden. Es ist zu hoffen, dass die Bürokraten in Brüssel dies noch erkennen werden, ehe es zu spät ist, und sie zukünftig die Verteilung der landwirtschaftlichen Fördergelder von der Einhaltung der Naturschutzrichtlinien abhängig machen.

Ansammlung von Jungadlern – ein sicheres Zeichen dafür, dass es in der Nähe etwas zu fressen gibt

Noch recht kleine Jungadler im Horst

27 Zwerggänse in Not

Auf einer Tagung der Gänseökologen, die 2008 in Linum/Brandenburg stattfand, berichtete Dr. Johan Mooij, der sich seit Jahren speziell mit dieser Thematik befasst, dass der Bestand sibirischer Brutvögel jährlich um fünf Prozent abnehme. In seinen Berechnungen enthalten waren bereits die zum Überwintern in südlichere Gefilde durchziehenden nordischen Gänse, die in der Elbniederung Rast machen und die von uns alljährlich erfasst werden.

Besonders schlimm steht es um die sibirische Zwergganspopulation. Vor fünfzig Jahren ging man weltweit von etwa 100 000 Individuen aus. Inzwischen ist die Zahl auf ein Viertel des ursprünglichen Bestandes zusammengeschmolzen. Das muss jeden Naturschützer nachdenklich stimmen. Schuld an dem drastischen Rückgang ist die Jagd in den asiatischen, aber auch osteuropäischen Ländern, vor allem aber an den Überwinterungsplätzen. Trotz staatlich deklariertem Arten- und Naturschutz wird die übermäßig hohe Zahl erlegter Gänse der Öffentlichkeit offiziell als »Nachhaltigkeit« verkauft. Ältere Rückmeldedaten von beringten Zwerggänsen, die naturgemäß nach Südosten ziehen, beweisen, dass zwanzig Prozent von ihnen als geschossen zurückgemeldet wurden. Solch einen Aderlass verträgt die gesündeste und robusteste Vogelpopulation nicht.

Noch drastischer hat die Population der skandinavischen Zwerggänse abgenommen. 1950 schätzte man ihren Brutbestand noch auf rund 10 000 Vögel. Heute sind es nur noch 300. Unsere europäisch-skandinavischen Zwerggänse überwintern in Ungarn, in der Pannonischen Tiefebene, zusammen mit Blässgänsen. Noch 1953 ging man von einem Höchststand von einer halben Million Vögeln aus, die dort überwinterten. Das lockte natürlich Jagdtouristen auch aus Deutschland an. In Jagdzeitschriften wurden belegte Tagesstrecken einzelner Jäger genannt, die bis zu 209 Gänse erlegt hatten. Diese Jagdstrecken wurden in der wissenschaftlichen Literatur publiziert. Und mit den Jägern kamen schließlich die, denen es nur ums massenweise Abballern ging. So wundert es auch nicht weiter, dass die Pannonische Überwinterungspopulation der nordischen Gänse binnen weniger Jahre auf ein Zehntel zusammengeschrumpft ist, und ganz nebenbei hat man auch die Zahl der in Ungarn überwinternden und inzwischen vom Aussterben bedrohten Zwerggänse dezimiert.

In seinem Buch *Wildgänse* gibt der von mir geschätzte Gänseökologe und Jäger Prof. Erich Rutschke als Grund für diese Entwicklung die deutliche Zunahme von Fressfeinden in der Arktis an. Dagegen spricht allerdings die stabile Gänsepopulation, die nach Südwesten, also auch durch Deutschland zieht und in Mitteleuropa gezählt wird.

Inzwischen ist ein Artenhilfsprogramm für Zwerggänse angelaufen. Den Erkenntnissen des Verhaltenswissenschaftlers Konrad Lorenz folgend machten sich Naturschützer im Jahr 1999 daran, frisch geschlüpfte und künstlich aufgezogene Gössel auf ein Leichtflugzeug zu prägen. Da man wusste, dass Junggänse die Zugroute erst von ihren Eltern erlernen, leitete man umgeprägte Vögel im Schlepp eines Leichtflugzeuges über Schweden, Dänemark bis an den Niederrhein nach Norddeutschland und Holland. Diese Zugroute wurde gewählt, weil dort die Gänsejagd wenig betrieben wird beziehungsweise ruht. Am Niederrhein überließ man die Junggänse ihrem Schicksal. Sie vergesellschafteten sich mit den dort überwinternden anderen nordischen Gänsearten und zogen mit ihnen im Frühjahr wieder zurück nach Skandinavien –

Zwerggänse werden zwar selten, aber regelmäßig in den großen Ansammlungen nordischer Gänse beobachtet.

und dieses Mal wurden sie natürlich nicht von einem Leichtflugzeug geleitet. Im darauffolgenden Frühjahr konnten fünfzig Prozent der auf diese Weise geprägten Zwerggänse in den skandinavischen Regionen wieder nachgewiesen werden, was einen enormen Erfolg darstellt. Die Gänse brüteten auch erfolgreich, und ihre Gössel führten sie schließlich, so wie sie gelernt hatten, auf den weniger gefährlichen Zugwegen nach Südwesten, zum Niederrhein. So waren sie wenigstens vor russischen Flinten sicher. Weil das Experiment so erfolgreich war, wiederholte man in den Folgejahren diese Form der Umprägung von Zwerggänsen mittels Leichtflugzeugen. Auch dieser Aufwand hat sich gelohnt, um wenigstens unsere skandinavischen Zwerggänse vor dem Aussterben zu bewahren.

Blässgansansammlung

Notwendig ist das alles, weil einige Egoisten unter den Jägern nicht begreifen wollen, welchen Schaden sie der Natur und den seltenen Tieren zufügen, wenn sie unüberlegt ihrem Hobby frönen. Immerhin unterstützt der schwedische Jagdverband inzwischen dieses kostspielige Artenschutzprojekt.

Wie ich jüngst beobachten konnte, kommen gelegentlich einzelne Vögel auch bei uns an der Elbe vorbei. Typisch für die seltene Zwerggans, und das unterscheidet sie von der größeren Blässgans, sind die »höhere« Blässe an der Stirn und der gelbe Augenring. Zudem ist ihre Stimme, wie Kenner sofort hören werden, viel höher und heller als die der Blässgans. Sie aus den riesigen Gänseansammlungen an der Elbe herauszuhören, ist dennoch großes Glück. Auf jeden Fall lohnt es sich, in den winterlichen Gänsescharen auf diese seltene, streng geschützte Gans zu achten.

28 Unter Beschuss: die Waldsaatgans

Als ich vor sechzig Jahren, »bewaffnet« mit einem 8-×-30-Fernglas, begonnen habe, systematisch Vögel zu beobachten, gab es noch keine vernünftige Bestimmungsliteratur. Ich erinnere mich noch, dass sich ab 1954 ornithologisch Interessierte aus der Umgebung von Stendal in einer locker organisierten Gruppe des Kulturbundes als Arbeitsgemeinschaft Ornithologie, die von Rolf Jacubeit, dem heutigen 1. Vorsitzenden der Berliner Tierfreunde, geleitet wurde, im Tiergarten Stendal trafen. Hier lernten wir vom Leiter des Tiergartens Stendal, Dr. Johannes Kummer, der damals schon über Bestimmungsliteratur verfügte, wie man systematisch Vögel beobachtet. Damals, in den fünfziger Jahren, waren wir schon froh, wenn wir im Felde mit unseren einfachen Hilfsmitteln Graugänse von Saatgänsen unterscheiden konnten.

Nach dem Zweiten Weltkrieg war es an der Elbe üblich, dass sich Offiziere der Sowjetarmee am Wochenende ihre Zeit mit dem Schießen von Wildenten und Wildgänsen vertrieben. Auch waren bei den Russen zu dieser Zeit deutsche Ferngläser sehr beliebt, und deshalb trugen wir sie im Gelände immer unter der Jacke versteckt und versuchten, jeden Kontakt mit ihnen zu meiden. Als ich einmal beobachtete, wie russische Jäger geschossenen Gänsen die Köpfe abtrennten, um den ausgenommenen Körper im offenen Feuer zu garen, fasste ich mir ein Herz und ging zu ihnen hin. Mit meinen spärlichen Russischkenntnissen erklärte ich ihnen, dass ich Vögel beobachte und an den Gänseköpfen, eigentlich nur an den Schnäbeln, interessiert sei. Daraufhin entspann sich zwischen einem russischen Jäger und mir ein kleines »Fachgespräch«. So machte mich der russische Offizier darauf aufmerksam, dass sich die Schnäbel aus verschiedenen Farbmustern zusammensetzten. Offensichtlich hatte er vier Waldsaatgänse, eine größere Unterart der Saatgansgruppe, und eine Tundrasaatgans, eine kleinere Unterart, geschossen. Wenn ich ihn damals richtig verstanden habe, so sagte er, dass die Saatgans etwas größer als die Tundrasaatgans sei. »Die Kleinere«, also die Tundrasaatgans, kannte er aus seiner russischen Heimat. Von der »Größeren« wusste er nur, dass es sie gibt, geschossen habe er die aber erstmals in Deutschland. Die Köpfe durfte ich damals übrigens mitnehmen, natürlich erst, nachdem ich mit ihm, wie es in Russland Sitte ist und wie es die Gastfreundschaft vorschreibt, einen Schluck Wodka getrunken hatte. Zu Hause fertigte ich von den Schnäbeln Skizzen an, die ich anschließend den ornithologisch Interessierten in Stendal zeigte. Leider habe ich diese Zeichnung so gut weggelegt, dass ich heute nicht mehr weiß, wo sie sich befinden.

Auch deutsche Jäger bat ich immer wieder, mir die Gänseköpfe von geschossenen Wildgänsen zu überlassen, um so die Herkunft und Verbreitung der überwinternden Gänse bestimmen zu können. Daran hatte damals aber keiner Interesse.

Mitte der sechziger Jahre, ich war inzwischen Diplom-Biologe, lernte ich im Tierpark Berlin Prof. L.A. Portenko, Leiter des Naturkundemuseums Moskau, kennen. Zu dieser Zeit hielt der Tierpark Berlin Waldsaat- und Tundrasaatgänse nebeneinander auf der Stelzvogelwiese. Diese Unterarten nannte Portenko, aus dem Russischen übersetzt, sowohl Tundra- als auch Taigagans. Als deren Brutgebiet führte er unter anderem die Kola-Halbinsel (und nicht die russische Taiga) an. Weiter östlich, erklärte er weiter, unterscheide man noch zwischen anderen Unterarten der Taigagänse. In diesem Zusammenhang machte er auch auf die unterschiedlichen Stimmen aufmerksam und deutete an, dass manche seiner Zoologenkollegen die beiden Saatgansunterarten deshalb als zwei verschiedene Arten betrachteten. Damit wurde mir nun bestätigt, was mir damals der sowjetische Offizier und Jäger in der Altmark erklärt hatte.

Ab 1962 konnte ich für meine Exkursionen ein Asiola-Fernrohr mit in die Elbaue nehmen und nun auch gezielt die Gänseansammlungen durchmustern. Bis 1967 hatte ich festgestellt, dass die ersten nächtlichen Gänsezüge erst Ende Oktober, Anfang November stattfanden – im Gegensatz zu heute. Auch das Rasten der ersten wieder einfliegenden Gänse war an der Elbe meistens nur kurz und beschränkte sich damals auf wenige Tage. Bei diesen ersten nordischen Gänsetrupps handelte es sich fast ausschließlich um Tundrasaatgänse, die auf dem Weg in ihre südwestlich gelegenen Überwinterungsplätze waren.

Weil ich aber immer nur an den Wochenenden an der Elbe sein konnte, hatte ich selten das Glück, solche ersten Zugrastansammlungen von Tundrasaatgänsen zu beobachten. Damals begründete ich den kurzen Aufenthalt der Saatgänse mit der Bejagung durch die sowjetischen Offiziere. Im Mittwinter, also von Dezember bis Januar, vor allem aber nach Frosteinbrüchen, erschienen truppweise auch Waldsaatgänse, die sich dann unter die wenigen damals bei uns verbliebenen und überwinternden Tundrasaatgänse mischten.

Notiert habe ich »die Großen« immer nur dann, wenn es sich ganz offensichtlich um Waldsaatgänse handelte – wenn ich also entweder ihre Stimme vernommen hatte oder ihren Schnabel zu Gesicht bekam. Ihre Zahl lag damals, wie ich meinen Notizen entnehmen kann, eindeutig höher als heute. Es gab Tage, an denen ich zweihundert, fünfhundert, ja manchmal sogar bis zu tausend Exemplare gesichtet hatte. Damit ich sie mir genau anschauen konnte, hatte ich mich als junger gelenkiger Mann, der ich damals war, in der Deckung von Gehölzen, Gräben und anderen Strukturen bis auf achtzig oder einhundert Meter an die Gänseansammlungen herangepirscht. Deshalb hege ich keinen Zweifel daran, dass meine Aufzeichnungen richtig sind. In den sechziger Jahren waren Waldsaatgänse also nachweislich häufiger an der Elbe anzutreffen als heutzutage. Heute sieht man Waldsaatgänse meist nur als Familienverband mit Jungvögeln. Skandinavische Natur-

Oben: der schlanke Kopf der sehr selten gewordenen Waldsaatgans. Darunter der markante Kopf einer Tundrasaatgans. Letztere kommt an der Elbe häufiger vor.

dass der Biber zu den Tieren und nicht zum Wild gezählt wird, er somit also bei uns unter Naturschutz steht und aus diesem Grund auch nicht gejagt werden darf. Legt ein Biber einen Damm an oder baut eine Burg, dürfen solche Bauwerke nicht einfach beseitigt werden; damit würde man sich laut Naturschutzgesetz strafbar machen. Unter Umständen steht also der Bauer, dem der Biber das Land unter Wasser gesetzt hat, allein da, kann den betreffenden Acker oder das betreffende Stück Wiese nicht nutzen und dort auch keine Ernte einfahren.

Geben dann noch von Steuergeldern bezahlte Naturschützer dem Landeigentümer »kluge Ratschläge« und verweise auf das Gesetz, ist es natürlich nachvollziehbar, dass die Betroffenen nicht zu Jubeln beginnen. Wie sich Landwirte fühlen, wenn sie von Naturschützern belehrt wurden, habe ich immer wieder an den Stammtischen der jeweiligen Dorfgaststätte mitbe-

Biberfamilie bei der Nahrungsaufnahme

kommen. Natürlich bin auch ich ein überzeugter Naturschützer, allerdings verstehe ich mich als »Realo«, und daher weiß ich, dass realitätsferne Forderungen oft das Gegenteil bewirken. Ich bin deshalb der Meinung, dass man sich bei aller noch so berechtigten Kritik auch immer mit den Gegebenheiten vor Ort auseinandersetzen muss.

Am einfachsten ließe sich die Biberpopulation regulieren, wenn der Elbebiber wieder einen Gegenspieler, also einen natürlichen Fressfeind hätte. Im Mittelalter war das der Wolf, der wurde allerdings vollkommen ausgerottet. Dem Biber wäre das beinahe auch passiert. Er wurde vor allem wegen seines Pelzes, aber auch wegen seines Fleisches – der abgeflachte Biberschwanz wurde nämlich einfach zur Fischflosse erklärt und durfte deshalb zur Fastenzeit verspeist werden. Aber auch der Wolf, der natürliche Fressfeind des Elbebibers, kehrt wieder zurück, aus dem Osten wandert er ganz natürlich nach Deutschland ein. Eine Entwicklung, die Landwirte eigentlich glücklich stimmen müsste. Allerdings ist der Wolf ein *Carnivore*, ein Fleischfresser, und deshalb reißt er auch hin und wieder Schafe. Weil viele Mitteleuropäer kaum noch eine reale Beziehung zu ihrer Umwelt, zur Natur, zu den Wildpflanzen und -tieren besitzen, ist die Empörung dann immer groß. Der urbanisierte, also verstädterte Mensch ist allem Neuen gegenüber argwöhnisch, so auch dem jetzt wieder einwandernden Wolf. Diese Sorge spiegelt sich auch in den Texten vieler Tageszeitungen wider. Und wie reagiert unsere Politik darauf? Kurz gesagt: Nicht überzeugend – wenn überhaupt, kommt es meist nur zu Gesetzestexten.

Eins der letzten Brachvogelgelege, aufgenommen am 25. April 2010 im Trüben bei Schönhausen

ander entfernt. Zu der Zeit brüteten im Grünland – von der alten Elbbrücke bis zur Brack und dem Räckholz – etwa zwanzig bis fünfundzwanzig Paare. Auf der Bucher Brack gab es noch einmal acht bis zehn Brutpaare. Mindestens zwei, wenn nicht sogar drei Brachvögel hatten sich zum Brüten in den Wiesenflächen am Bölsdorfer Haken niedergelassen. Auf den Wiesen weiter südlich bis Bittkau waren die Brutvögel aber bereits Mitte der fünfziger Jahre verschwunden. Während meines Studiums bis 1961 und auch danach, während meiner Assistenzzeit am Zoologischen Institut der Humboldt-Universität zu Berlin, habe ich mehrfach – zunächst mit dem Fahrrad, später mit dem Moped – auch die Tangerwiesen kontrolliert und dort ebenfalls geschätzte zwanzig bis fünfundzwanzig Brutpaare gezählt. 1964 auf einer Tagung in Serrahn (Mecklenburg) berichteten mir Hamburger Ornithologen vom Deutschen Bund für Vogelschutz, heute NABU, dass die

Wiesenbrüter bei ihnen in der Marschlandschaft und an der Elbe drastisch abgenommen hätten. Davon war bei uns im nördlichen Sachsen-Anhalt in den fünfziger bis sechziger Jahren noch nichts zu spüren. Sie erklärten mir, wie wichtig es ist, die Brutvögel solcher gefährdeten Arten zu zählen und wie man das methodisch macht. Aus diesem Grund liegen mir noch alte und recht genaue Brutpaarzahlen von Brachvögeln aus dem ehemaliger Kreis Tangerhütte vor, die ich mit der heutigen Brutsituation vergleichen kann. Meine Zählungen von damals ergaben, dass in den fünfziger Jahren mindestens fünfzig Brachvogelpaare in der Elbe- und Tangeraue südlich von Tangermünde brüteten. Im Jahr 1994 wurde der Landkreis Stendal, bestehend aus den Altkreisen Stendal, Tangerhütte, Osterburg, Havelberg und teilweise Kalbe/Milde, in seiner heutigen Größe geschaffen. Für diesen 2 423 Quadratkilometer umfassenden »Großkreis« machte sich der ortsansässige Ornithologe Hannes Braun aus Stendal für eine zusammenfassende Darstellung die Mühe, alle Brutpaardaten, die in alter Literatur vorhanden waren, zu sammeln. Seine Recherche ergab für die Jahre 1950 bis 1969 einen Bestand von mindestens einhundertachtzig bis zweihundert Brachvogelpaaren im nördlichen Teil Sachsen-Anhalts. Als ich den Mitgliedern des Ornithologenvereins Altmark-Ost diese Zahlen nannte, entbrannte eine lebhafte Diskussion, in der sich vor allem die älteren Semester daran erinnerten, dass es damals viele Grünlandbereiche gegeben habe, wie zum Beispiel die Wische, die nur stückweise kontrolliert werden konnten, weil es in der dünnbesiedelten Altmark an Ornithologen fehlte. Für die Jahre 1950 bis 1969 einigten wir uns schließlich auf einen Gesamtbrutbestand von hochgerechnet mindestens zweihundertfünfzig Brutpaaren. Aber das war in den fünfziger und sechziger Jahren. In den Folgejahren kam es auch bei uns in der Altmark durch die Intensivierung der Landwirtschaft zu einem drastischen Bestandseinbruch. Von offizieller Seite gab man eine Teilschuld Eiersammlern, doch als man versuchte, den Arzt und Leiter des Tiergartens Stendal, Dr. Kummer, wegen seiner Eiersammlungen zu belangen, machte er darauf aufmerksam, dass er seine Sammlungen nicht selbst zusammengetragen, sondern von früheren Eiersammlern gekauft hatte, damit sie in den Händen von Fachleuten und so als historische Naturdokumente der Nachwelt erhalten blieben. Heute befindet sich seine Sammlung im Museum Heineanum in Halberstadt. Dr. Kummer war es auch, der mich aufklärte, wie verlustreich die Industrialisierung der heutigen modernen Landwirtschaft für Bodenbrüter ist.

Und wie groß ist der Brutbestand in unserem Landkreis heute, wo in ganz Sachsen-Anhalt über die Erhaltung von Artenvielfalt die Rede ist? Nachgewiesen sind lediglich einunddreißig bis fünfunddreißig Brutpaare. Wenn nicht ernsthafte Gegenmaßnahmen vonseiten der Politik und der Behörde unternommen werden, müssen wir also davon ausgehen, dass der Brachvogel in den nächsten zehn Jahren bei uns aussterben wird. Die größte Brachvogelbrutpopulation im Landkreis Stendal befindet sich übrigens mit sieben Brutpaaren, so der Stand im Jahr 2007, in der Secantsgrabenniederung, die zur einen Hälfte zum Altmarkkreis Salzwedel und zur anderen zum Landkreis Stendal gehört. 1996 waren es hier noch fünfzehn Brutpaare! Um den Rückgang der Brachvogelpopulation zu stoppen, wurden große Teile der Secantsgrabenniederung als EU-Vogelschutzgebiet von internationaler Bedeutung ausgewiesen. Doch leider gibt es auch hier wieder Probleme mit einigen Jagdpächtern, die es sich nicht nehmen lassen, zur Brutzeit mit ihren PS-starken Geländewagen mitten durchs Schutzgebiet zu fahren, und damit noch nicht genug, ihre Jagdhunde frei und quer durch die Brutreviere der Brachvögel »stromern« zu lassen. So erlebte ich einmal, wie ein frei über die Wiesen laufender Jagdhund ein gerade im Revier balzendes Brachvogelpaar aus seinem Brutrevier vertrieben hat. Davon bekam sein Besitzer jedoch nichts mit, weil er einige hundert Meter entfernt mit seinem Geländewagen unterwegs war. In Anbetracht der Tatsache, dass die Brutverluste durch intensive Landwirtschaft und Prädatoren bei den Wiesenbrutvögeln schon so groß genug sind und die Bestände weiter schmelzen, würde ich mir wünschen, dass die Jagdpächter noch aufmerksamer wären und vor allem dann einschreiten würden, wenn ihr Hund nicht nur an Wild Interesse zeigt.

Flockenblume auf naturnaher Wiese

Rotfuchs in seinem Revier

Romantik pur – Abendstimmung an der Elbe

Esche im morgendlichen Nebel

Der Autor

Wolfgang Lippert, geboren 1938, studierte an der Martin-Luther-Universität in Halle/Saale. Als junger Diplom-Biologe setzte er seine Ausbildung an der Humboldt-Universität in Berlin im Fachgebiet Zoologie, Verhaltenswissenschaften und Bioakustik fort. Von 1965 bis 1979 war er wissenschaftlicher Mitarbeiter des Berliner Tierparkdirektors Heinrich Dathe. Danach arbeitete er als Fachredakteur und Kameramann für Tierfilme beim Fernsehen der DDR. Ab 1990 war Lippert für das DDR-Ministerium für Umwelt und Wasserwirtschaft tätig und wirkte am Nationalpark-Programm mit. Als Mitarbeiter der Berliner Senatsverwaltung beschäftigte er sich bis 1995 vornehmlich mit dem Artenschutz. Bis heute zieht es den Biologen mit Notizbuch und Kamera in jeder freien Minute in die Natur. Seine Erlebnisse hält er in einer Kolumne in der Magdeburger *Volksstimme* und in zahlreichen Publikationen fest, zuletzt *Warum der Fuchs die Altmark mag* (2009).

Der Fotograf

Peter Ibe, geboren 1948, lebt im Biosphärenreservat Mittelelbe. Sein Interesse galt schon immer der Natur. Mit 18 Jahren machte er seine Prüfung zum Vogelberinger, 1973 wurde er der erste hauptamtliche Naturschutzwart der DDR. Bis zu seiner Pensionierung hat er in der Verwaltung des Biosphärenreservat Mittelelbe im Sachgebiet Arten- und Biotopschutz gearbeitet. Hier hat er sich vor allem um den Schutz seltener Tiere wie dem Biber einen Namen gemacht. Für sein herausragendes Engagement wurde er 2014 mit der Ehrennadel des Landes Sachsen-Anhalt ausgezeichnet. Seit vielen Jahren widmet er sich zudem der Naturfotografie. Seine Bilder wurden in Ausstellungen, Zeitschriften und Büchern veröffentlicht, zuletzt *Wunder der Elbe. Biografie eines Flusses* (2007) und *Schöne Wilde Welt – Das UNESCO Biosphärenreservat Mittelelbe* (2012).

BILDNACHWEIS

Peter Ibe: 8 f., 14o, 18, 20, 25–29, 34 f., 42–47, 53–55, 61–71, 75–87, 98 f., 102–117, 120–123, 129, 130o, 133 f., 139, 141, 144, 146–155, 158–162, 172, 178, 184, 186–190
Wolfgang Lippert: 4, 10–12, 14 u, 15 f., 19, 21–23, 31, 36–41, 48–52, 57–59, 89–96, 100, 118, 124–127, 140, 142 f., 145, 179–182, 185
Manfred Kuhnert: 72–74, 130 u, 132, 135, 167–171
Manuel Müller: 156
Urs N. Glutz von Blotzheim (Hrsg.): *Handbuch der Vögel Mitteleuropas.* Wiesbaden 1985: 175

ISBN 978-3-86789-482-1

1. Auflage

Gesamtgestaltung: fuxbux, Berlin
Umschlagabbildung: Peter Ibe
Druck und Bindung: Graspo CZ

Ein Verlagsverzeichnis schicken wir Ihnen gern:
BEBUG mbH / Verlag Bild und Heimat
Alexanderstr. 1
10178 Berlin
Tel. 030 / 20 61 09 - 0

www.bild-und-heimat.de